现代钽铌矿选矿

高玉德　邱显扬　编著

北　京

冶 金 工 业 出 版 社

2020

内 容 简 介

本书系统地介绍了钽铌矿石类型、性质、工艺矿物学特性和选矿新工艺，详细阐述了烧绿石、钽铁矿-铌铁矿及其他钽铌矿物的浮选及其浮选原理，有用组分锂、铍、铷、铯、云母、长石和石英的综合回收，钽铌矿选矿工艺研究实例及钽铌矿的选矿厂实例。该书对钽铌矿资源的开采利用具有重要的学术价值和应用价值。

本书可供科研院所选矿行业及相关专业的科技人员、管理人员、矿山企业工程技术人员以及大专院校师生参考。

图书在版编目（CIP）数据

现代钽铌矿选矿/高玉德，邱显扬编著 . —北京：冶金工业出版社，2020.9
ISBN 978-7-5024-8597-9

Ⅰ.①现… Ⅱ.①高… ②邱… Ⅲ.①铌钽矿床—选矿—基本知识 Ⅳ.①TD954

中国版本图书馆 CIP 数据核字（2020）第 123329 号

出 版 人　陈玉千
地　　址　北京市东城区嵩祝院北巷 39 号　邮编　100009　电话　（010）64027926
网　　址　www.cnmip.com.cn　电子信箱　yjcbs@cnmip.com.cn
责任编辑　程志宏　王梦梦　美术编辑　吕欣童　版式设计　禹　蕊
责任校对　卿文春　责任印制　禹　蕊
ISBN 978-7-5024-8597-9
冶金工业出版社出版发行；各地新华书店经销；三河市双峰印刷装订有限公司印刷
2020 年 9 月第 1 版，2020 年 9 月第 1 次印刷
169mm×239mm；11.5 印张；221 千字；173 页
70.00 元
冶金工业出版社　投稿电话　（010）64027932　投稿信箱　tougao@cnmip.com.cn
冶金工业出版社营销中心　电话　（010）64044283　传真　（010）64027893
冶金工业出版社天猫旗舰店　yjgycbs.tmall.com
（本书如有印装质量问题，本社营销中心负责退换）

前　言

　　钽铌是重要的战略资源，在稀有金属中占有特殊地位，被广泛用于冶金、航空航天、军工、电子以及超导材料和医疗仪器等方面。世界钽铌工业的发展始于20世纪20年代。我国钽铌工业始于20世纪60年代。我国初期钽铌冶炼、加工生产规模、技术水平、产品档次和质量状况与工业发达国家比较相差甚远。自20世纪90年代，特别是1995年以来，中国钽铌生产应用呈现出快速发展的态势。如今，中国钽铌工业已实现了"从小到大、从军到民、从内到外"的转变，形成了世界唯一的从采矿、冶炼、加工到应用的工业体系，高、中、低端产品全方位进入了国际市场。目前，中国已成为世界钽铌冶炼、加工第三强国，进入世界钽铌工业大国的行列。随着现代工业的迅猛发展，世界对钽铌等稀有金属的需求逐年增长，钽铌多金属资源综合开发利用进入了一个崭新的阶段。

　　国外主要钽铌矿山原矿品位高，矿床规模大，多种有价值元素伴生，综合利用价值高，开采条件优越。如澳大利亚、加拿大部分的钽资源（Ta_2O_5）品位高达0.117%~0.32%；巴西、澳大利亚、加拿大部分的铌资源（Nb_2O_5）品位高达0.62%~2.47%。而我国钽铌矿95%资源储量含（Ta，Nb）$_2O_5$为0.025%~0.20%，属低品位、嵌布粒度细、组分复杂、难选冶的钽铌资源，且由于开发利用水平有限，目前尚未得到有效利用。因此，急需加强难选钽铌矿的科技攻关，研发出具有针对性、结构合理及工业适用的选矿新工艺。

　　本书作者所在团队从事钽铌、锂铍、钛锆、稀土等稀有金属资源综合利用开发研究工作将近60年，深谙稀有金属矿研究工作的高难度，秉承着前辈们严谨、细致、务实的学术作风，借助先进的检测设备对钽铌等稀有金属矿进行深入的工艺矿物学研究，在稀有金属矿物特征及选矿工艺研究方面积累了丰富经验，揭示了钽铌多金属矿的矿物组成、嵌布状态、赋存状态等特性。根据不同钽铌矿物及其共伴生矿物的工艺矿物学特性，作者团队开发出"分段磨矿-湿式磁选预富集-重选精选""预先脱泥-钽铌混合浮选""湿式磁选富集钽铌-重选-精矿处理-干磁精选""粗细分流-粗粒重选-细泥浮选""细泥浓缩-重选预富集-浮选精选"等多项新技术，研发出了成套复杂难处理钽铌矿的高效综合回收新技术。

本书全面介绍了钽铌矿石类型、主要钽铌矿物工艺矿物学特性和选矿新工艺新技术，系统地叙述了烧绿石、钽铁矿-铌铁矿及其他钽铌矿物的浮选原理及其浮选工艺，有用组分锂、铍、铷、铯、云母、长石和石英的综合回收，钽铌矿选矿工艺研究实例以及钽铌矿的选矿厂实例等。该书对钽铌矿资源的开采利用具有重要的学术价值和应用价值，可供科研院所选矿行业及相关专业的科技人员、管理人员、矿山企业工程技术人员阅读以及大专院校师生教学使用或参考。

本书在编写过程中得到曹苗博士、梁冬云教授、孟庆波的大力支持和帮助，选矿老前辈周德盛予以倾心指导和细致修改，管则皋、何晓娟、韩兆元、刘牡丹给予充分的支持，作者在此诚挚地表示谢意。此外，作者所在团队的新老专家和同事，如徐晓萍、邹霓、王国生、张忠汉、董天颂、卜浩、李波、李美荣、王洪岭、何名飞等也给予了充分的支持和帮助，在此也一并表示衷心的感谢！

本书编写过程中阅读和参考了部分同行的著作文献，在此对文献作者一并表示感谢。由于编者水平所限，书中存在不足及错误之处，恳请广大读者批评指正。

编著者

2020 年 4 月

目 录

1 概　　论

1.1　简要的历史资料

1.1.1　钽、铌的发现历史

钽元素是瑞典化学家安德斯·古斯塔夫·埃克伯格（A. G. Ekaberg）于 1802 年从斯堪的那维亚半岛的一种矿物（后被称为铌钽矿）中发现的，并参照希腊神话人物将这个元素命名为 Tantalum（钽）。铌是 1801 年由英国化学家查理斯·哈契特（Charles Hatchett）在保存于大英博物馆中的一种矿石样本（后被称为铌铁矿）中发现的，为了纪念哥伦布，哈契特把该元素称为 Columbite（钶）。

由于钶和钽的性质非常相似，人们曾一度认为它们是同一种元素。到 1844 年，德国化学家罗塞（Heinrich Rose）宣布在巴瓦尔的铌铁矿中发现了两种新元素：一个是类似埃克伯发现的钽，另一个是与钽有区别的元素称为铌。钽和铌的单独存在最终在 1865～1866 年由瑞典科学家德马里尼亚采用分层结晶法把钽（七氟钽酸钾）从铌（一水合五氟氧铌酸钾）中提取之后确定的。随后的科学研究工作者确定了哈契特的钶和罗塞的铌是同一元素。很长一段时间内，文献中对该元素有两种叫法，在欧洲称作铌，在美国称作钶（符号为 Cb），1952 年起才通用"铌"的名称。

1.1.2　钽、铌产业发展历程

1.1.2.1　钽产业发展历程

钽虽然在 19 世纪初就已被发现，但直到 1903 年才制出了金属钽，1922 年开始工业生产钽。因此，世界钽工业的发展始于 20 世纪 20 年代，我国钽工业始于 20 世纪 60 年代。

美国是世界上最早开始生产钽的国家，1922 年开始工业规模生产金属钽。日本和其他资本主义国家均是从 20 世纪 50 年代末或 60 年代初开始发展钽工业。经过几十年的发展，世界钽工业生产已经达到了相当高的水平。20 世纪 90 年代以来，较有规模的钽产品生产企业有美国 Cabot 集团（美国 Cabot 及日本昭和 Cabot）、德国 HCST 集团（德国 HCST、美国 NRC、日本 V-Tech、泰国 TTA）和我国宁夏东方钽业股份有限公司三大集团，这三大集团生产的钽产品占世界总量的 80% 以上。国外钽工业的产品、工艺技术和装备水平普遍都很高，适应了世界科技高速发展的需要。

我国钽工业始于 20 世纪 60 年代，初期钽冶炼、加工生产规模、技术水平、产品档次和质量状况与工业发达国家比较相差甚远。自 90 年代，特别是 1995 年以来，中国钽生产应用呈现出快速发展的态势。如今，中国钽工业已实现了"从小到大、从军到民、从内到外"的转变，形成了世界唯一的从采选、冶炼、加工到应用的工业体系，高、中、低端产品全方位进入了国际市场，中国成为世界钽冶炼加工第三强国，进入世界钽工业大国的行列。同时，我国钽产业发展也面临一定的问题，如原料短缺，资源储量稀少。我国已探明的钽资源特点是矿脉分散、矿物成分复杂、原矿中 Ta_2O_5 品位低、矿物嵌布粒度细、经济资源少，因此难以再建大规模的矿山。虽说近年也有大型钽铌矿的发现，但详细的地质情况、矿物情况、经济评价都不清晰，因此，我国钽初级原料的供应存在很大问题。我国钽产业还面临着另一个难题，即高新技术产品开发能力不足。不可否认，我国的钽工业技术、装备都已有很大发展，并拥有批量生产全系列钽产品的生产能力，但中低档产能过剩，高档产品，如高比容高压钽粉、半导体用的钽靶材等生产能力不足的尴尬局面仍难以扭转。由于国内相关高新技术产业用量很少，高端需求动力不足等问题，影响了我国钽工业高新技术产品的发展。从企业层面看，钽产业发展缺少指导与调控。近年来，钽冶炼加工企业由最初的 5 家迅速发展到 20 家，重复建设十分严重，生产能力过剩非常突出。

1.1.2.2　铌产业发展历程

20 世纪初，铌才被首次应用到白炽灯的制造上。但这一应用很快就被钨给替代了，因为钨的熔点更高，更适合制造白炽灯。20 世纪 20 年代，铌能提高钢强度的特性被发现，推动了铌在钢铁领域的应用。现在，钢铁领域仍然是铌的主要应用领域。20 世纪 40 年代，钽铌高温合金的应用得到发展。20 世纪 50 年代，萃取分离钽铌技术的出现为铌工业发展奠定了基础。1961 年，美国物理学家 Eugene Kunzler 和同事在贝尔实验室发现，铌锡合金能在强电流和强磁场存在的情况下继续保持超导性，这一发现推动了铌在电能和电磁领域的应用。

20 世纪 70 年代末，世界铌年消费量达到 1000~1200t，到 80 年代末，铌的消费量增至年 1600~1800t。根据美国地质调查局 2014 年发布的数据，2013 年全球铌产量约为 5.1 万吨，并且生产相对集中，仅巴西、加拿大两国铌产量就占了世界铌总产量的 98% 左右。北美、欧洲为铌的主要消费地区，我国也是铌消费大国，2010 年我国铌消费量占全球总消费量的四分之一。当前世界的铌工业，无论是选矿、冶炼、加工工艺，还是生产规模、产量、应用领域和消费量，都发展到很高水平。各种铌产品也被广泛应用到钢铁、超导材料、电子、医疗等行业，其中铌在钢铁领域的消费量最大，约占全球铌总消费量的90%左右。

我国铌工业发展始于1956年，从20世纪60年代开始逐步形成了采选、冶炼、加工和生产产业链。初期的冶炼、加工生产规模、技术水平、产品质量均与工业发达国家有较大差距。90年代，特别是1995年以来，我国铌工业发展迅速，企业增多，产能增加，生产技术得到了提升，产品种类增多，产品质量有了改进，应用领域不断扩大，生产环境有了改观。如今，我国铌工业已经实现了"从小到大、从军到民、从内到外"的转变。然而，我国铌产业的发展面临着一定的问题，如资源短缺、品位低、初级原料供应严重不足，需要大量进口。根据调查结果表明，我国三处最好的铌资源地是内蒙古包头、扎鲁特旗（801矿）和湖北竹山，其原矿中 Nb_2O_5 平均含量为0.1%~0.3%，而巴西仅一个阿拉沙（Araxa）就有4.6亿吨烧绿石，边界品位为2%，原矿中 Nb_2O_5 平均品位为2.5%，可供全世界使用近200年。公元2000年后，我国迅速进入了铌消费大国，2005年成为世界第一消费国，年消耗铌近6500t，其中钢铁工业耗标准铌铁9600余吨，基本全部由巴西、加拿大等国进口。合金和磁性材料消耗高纯度铌铁（用工业 Nb_2O_5 还原）约600t，由我国钽铌冶炼厂家供应。其他铌产品如铌金属、合金、加工材、氧化物、碳化物等每年耗铌也有50t左右。面对如此大的消耗而我国却没有铌矿山，问题十分严重。此外，我国对铌的高新技术产品开发能力不足，产业发展也缺少指导和调控。为了解决上述问题，我国政府及相关部门应该加强资源勘探，企业也应贯彻实施"走出去"战略，充分利用国外资源和技术。与此同时，企业应加大科研技术投入，加速新产品的研发和应用。国家也应指导铌企业进行结构调整和重组，进而提高企业经济效益，促进铌行业健康快速发展。

1.2 钽和铌的性质及用途

钽和铌属难熔稀有金属，它们的物理化学性质很相似，在自然界中总是相互伴生。钽金属呈深灰色，熔点2996℃，是仅次于钨、铼的第三个最难熔的金属；沸点5427℃，密度为17.10g/cm³。纯钽延展性极佳，在冷状态下无须中间退火就可轧成很薄（小于0.01mm）的板。钽的抗蚀能力与玻璃相同，在中温（约150℃）只有氟、氢氟酸、三氧化硫（包括发烟硫酸）、强碱和某些熔盐对钽有影响。金属钽在常温的空气中稳定，加热到高于500℃则加速氧化生成 Ta_2O_5。钽具有熔点高、蒸汽压低、冷加工性能好、化学稳定性高、抗液态金属腐蚀能力强、表面氧化膜介电常数大等一系列优异性能，在电子、冶金、钢铁、化工、硬质合金、原子能、超导技术、汽车电子、航空航天、医疗卫生和科学研究等高新技术领域有重要应用。铌金属呈银色，熔点2468℃，沸点5127℃，密度为8.66g/cm³。纯铌是一种质地较软且具有延展性的稀有高熔点金属。常温下，铌不与空气发生反应，在氧气中红热时也不会被完全氧化。铌在高温下能与硫、氮、碳直接化合。铌不与无机酸或碱发生反应，也不溶于王水，但可溶于氢氟酸。由于铌具有良好的超导性、熔点高、耐腐蚀、耐磨等特点，被广泛应用到钢铁、超导材料、航空航天、原子能等领域。

钽的主要产品有钽粉（电容器级、冶金级）、钽丝、碳化钽、钽及其合金锭、钽及其合金加工材（板、带、管、棒、线）、钽靶材、氧化钽（工业、光玻、高纯）、钽酸锂单晶；铌的主要产品有铌铁、铌镍、铌粉、铌条、铌及其合金锭、铌及其合金加工材（板、带、管、棒、线）、氧化铌（工业、光玻、高纯）、碳化铌、铌酸锂单晶等。

在电子工业中，钽粉和钽丝是制造钽电容器的关键材料。钽电容器体积小、容量高、重量轻、可靠性好、工作温度范围大、抗振动、寿命长，广泛地用于手机、计算机、数码产品、汽车和航空航天电子等领域，全世界 60%左右的钽用于制造钽电容器。钽、铌靶材用于半导体装置和液晶显示技术，氧化铌、铌粉、铌丝用于制造陶瓷电容器和铌电容器，钽酸锂单晶和铌酸锂单晶用于制作声表器件和光通讯元件。

在冶金工业中，铌主要用于生产高强度低合金钢、不锈钢、耐热钢、间隙钢、碳钢、工具钢、轨道钢、铸造钢。铌在这些合金中除保持其耐高温和抗腐蚀等性能外，还起到细化晶粒和固溶强化作用，能有效提高钢材在高温下的强度、硬度，改善钢材的加工和焊接性能，防止钢材在恶劣的工作环境中被腐蚀和发生脆裂等。全世界 90%左右的铌用于钢铁工业。将钽或铌添加到镍、钴、铁基合金中或以钽、铌为基添加其他金属元素可生产超合金，超合金是航天航空发动机、陆基气流涡轮发动机、现代武器、恶劣工业环境设施的重要结构材料。

在机械工业中，用碳化钽、碳化铌等硬质合金制造的刀具、钻具等工具能经受近 3000℃ 的高温，其硬度可与金刚石媲美。

在化学工业中，钽铌是优质耐酸和耐液态金属腐蚀的材料，可用于蒸煮器、加热器、冷却器和各种器件器皿等。

此外，钽铌金属及其合金可用作原子能反应堆包壳材料、高能物理超导装置和医学外科手术材料等。

1.3 钽铌资源简介

钽、铌同属高温成矿元素，它们之间可类质同象替代，因而在自然体系中常常相伴相随，钽元素在大陆地壳中丰度为 0.7×10^{-6}，铌元素在地壳中丰度为 12×10^{-6}，两者均为稀有元素，但两者的地壳丰度相差十多倍，由此决定了铌在地壳的储量要比钽丰富得多。在地壳中钽和铌的分布极具不均匀性，钽主要分布在泰国、澳大利亚、加拿大、巴西等国。从 20 世纪末，已有国家开始大量利用含 Ta_2O_5 3%以下的锡炉渣提取钽。与此同时，钽代用品的研究也取得了进展，如在电容器领域采用铝和陶瓷代替钽，用硅、锗、铯代替钽制造整流器等。巴西、加拿大、尼日利亚是世界铌矿资源储量大国，可充分满足世界工业发展的需求。20

世纪 60 年代以前，世界铌主要来自尼日利亚焦斯高原的含铌铁矿花岗岩及其砂矿，自挪威首次从烧绿石中提取铌获得成功后，碳酸盐岩烧绿石矿床成为铌的主要来源。巴西、加拿大、俄罗斯、美国均有相当多的烧绿石储量。烧绿石中铌资源约占世界铌总量的 90% 以上，其次是含铌钽铁矿的花岗岩、伟晶岩矿床。我国是钽、铌矿资源贫乏国，与上述国家相比，我国铌、钽矿资源无论在规模上还是在品位上都不占优势，钽矿床规模小，矿石品位低，赋存状态差，嵌布粒度细而分散，多金属伴生，造成难采、难分、难选，回收率低，大规模露天开采的矿山较少。我国多座独立的铌矿山于 20 世纪 80 年代末因资源枯竭而停产，铌往往与稀土、钽伴生。我国所规定的钽铌矿床储量计算的最低工业品位指标：$(Ta, Nb)_2O_5$ 为 0.016%~0.028%，大部分钽铌矿床品位都接近或略高于最低工业品位指标，Ta_2O_5 品位超过 0.02% 的几乎没有，而 Nb_2O_5 品位超过 0.1% 的也只有几个碳酸岩类型的矿床，其他类型矿床 Nb_2O_5 品位均在 0.02% 左右。世界和国内钽铌资源分布情况分别见表 1-1 和表 1-2。

表 1-1　世界钽铌资源分布情况

钽铌资源种类	钽铌资源分布
花岗伟晶岩型钽铌矿	澳大利亚、加拿大、巴西、扎伊尔、尼日利亚以及其他几个非洲国家是世界钽、铌矿资源储量大国，泰国、马来西亚的钽矿资源与锡矿伴生。这些国家以钽资源为主，其次为铌资源。矿体主要赋存于花岗伟晶岩中，钽铌矿物主要为细晶石和钽（铌）铁矿。国外大多数钽铌矿山可露天开采，只有加拿大等少数矿山为地下开采。地表矿一般具有开采条件优越、原矿品位高、矿床规模大，多种有价值元素伴生，综合价值高，分选性良好的特点。如澳大利亚的格林布什矿 Ta_2O_5 的品位为 0.02%~0.05%，加拿大的伯尼克矿 Ta_2O_5 的品位高达 0.117%
烧绿石型铌矿	铌矿资源主要赋存于火成碳酸岩和碱性花岗岩中，铌矿物主要为烧绿石、铌铁矿、褐钇铌矿、铌铁金红石等。火成碳酸岩中 Nb_2O_5 的品位高达 2.47%~0.62%。巴西为世界上最大的铌资源国，其铌产量占世界铌产量的 85% 以上。加拿大、澳大利亚、俄罗斯等铌资源也十分丰富

表 1-2　国内钽铌资源分布情况

钽铌矿种类	钽铌资源分布
花岗伟晶岩型和碱性花岗岩型钽铌矿	我国钽铌矿主要分布在 13 个省份，江西占 25.8%、内蒙古占 24.2%、广东占 22.6%，三省合计占 72.6%，其次为湖南、广西、四川等。主要钽矿有新疆的富蕴可可托海、柯鲁木特、青河阿斯卡尔特、福海库卡拉盖、福海群库尔等为特大型、大中型锂铍钽铌矿，江西横峰黄山大型钽铌矿，广东的增城派潭大型铌铁矿砂矿、博罗地区大型钽铌矿，恭城栗木老虎头中型钽铌矿等。20 世纪 70 年代以后，在 50~60 年代大规模普查找矿基础上又相继发现并勘查一批矿产地。如江西的宜春特大型钽（铌）-锂矿、横峰葛源钽铌钨锡矿（钽为特大型）、石城海罗岭中型铌钽矿，通城断峰山大型钽铌矿、福建南平西坑大型钽铌矿，广东广宁横山中型铌钽矿和广西恭城水溪庙钽铌矿（钽大型）、金竹园钽铌矿（钽大型）等

钽铌矿种类	钽铌资源分布
复杂铌稀土多金属矿	我国极少见赋存于碳酸岩中烧绿石型铌矿，碱性花岗岩中赋存的铌稀土矿为我国主要铌矿类型，内蒙古白云鄂博、内蒙古扎鲁特旗巴尔哲、湖北的竹山庙垭属于该类型，铌品位一般达到 0.1% 以上，矿床规模大至超大型，并含稀土、铍等多种有用元素，但该类矿属于极难选矿，其中的铌金属待开采和利用

国内外主要钽铌矿山的基本情况如表 1-3 和表 1-4 所示。

表 1-3　国内主要钽铌矿山基本情况

矿区名称	矿床类型	品位/%		储量/t		备注
		Ta$_2$O$_5$	Nb$_2$O$_5$	Ta$_2$O$_5$	Nb$_2$O$_5$	
江西宜春钽铌矿	花岗伟晶岩型	0.0125	0.0084	18126	14790	特大，已采
湖南茶陵金竹垅钽铌矿	花岗岩型	0.0121	0.0107	2587	2298	特大
广东博罗县 524 铌铁矿	花岗岩型	0.0036	0.0213	6130	36409	特大，已采
广东博罗县 525 钽铌矿	花岗岩型	0.0083	0.0134	11099	17990	特大，已采
广西栗木锡矿 老虎头、水溪庙	花岗岩型	0.008~0.0155	0.0093~0.01149	2615	2679	特大
内蒙古扎鲁特旗 801	碱性花岗岩型	0.016	0.048~0.258	15500	309331	
福建南平西坑铌钽矿	花岗伟晶岩	0.012	0.013~0.018	1647	1902	特大，已采
江西横峰钽铌矿	花岗伟晶岩	0.0017~0.0044	0.045	1361	22701	大，已采
广西资源茅安塘钽铌矿	花岗伟晶岩	0.0094	0.0091	1244	1241	大
四川安康呷基卡	花岗伟晶岩	0.0052~0.0277	0.0139~0.0273	3723	8687	特大
新疆可可托海	花岗伟晶岩	0.008~0.049	0.0063	1046.7	501	大，已闭坑
内蒙古白云 鄂博都拉哈拉	含铌稀土 花岗岩型	—	0.097~0.202	—	66991	特大，已采
湖北竹山县 庙垭铌稀土矿	碳酸岩型	—	0.118	—	929535	特大
内蒙古白云鄂博铁矿	高温热液型	—	0.108~0.141	—	909014	特大，已采
湖南临武香 花铺尖峰岭铌钽矿	高温热液型	0.0132	0.0123	4093	3900	特大
合计		—	—	69261.7	2930902	

表 1-4 国外主要钽铌矿山基本情况

国家	矿山	矿床类型	品位/%		储量/资源量（矿石量）/10^6 t	产量/t·a^{-1}
			Ta_2O_5	Nb_2O_5		
澳大利亚	格林布什矿（Greenbush）	花岗伟晶岩型	0.059	0.44	硬岩储量 13.46（1991）	两矿共 1134（250 万磅/年），Ta_2O_5
	沃吉纳矿（Wodgina）	花岗伟晶岩型	0.0324	—	资源量 25.35（2017）	
	秃头山矿（Bald hill）	花岗伟晶岩型	0.016		锂钽矿资源量 12.8	45.4，Ta_2O_5
			0.031		高品位钽矿资源量 5.7	
	皮尔甘戈拉（Pilgangoora）	花岗伟晶岩型	0.012		探明储量 80.13 探明资源量 156.3	建设阶段 145，Ta_2O_5
加拿大	钽科矿（Tanco）	花岗伟晶岩型	0.117	—	资源量 107.5	100，Ta_2O_5
	尼奥贝克矿（Niobec）	碳酸岩型	—	0.42	储量 416.4	3400，Nb_2O_5
			—	0.41	资源量 629.9	
巴西	阿拉克萨矿（Araxa）	碳酸岩型		2.3	资源量 629.9	30000，Nb_2O_5
				1.5	下部原生资源 1800	
	卡塔拉矿（Catalao）	碳酸岩型		0.81	储量 44.3	3600，Nb_2O_5
				1.14	资源量 62.9	
莫桑比克	马尔罗比诺（Marropino）	花岗伟晶岩型	0.022	—	资源量 7.4	90，Ta_2O_5 2013 关闭
埃塞俄比亚	肯提察矿（Kenticha）	花岗伟晶岩型	0.05	—	—	75，Ta_2O_5

1.4 钽铌矿床一般工业要求

钽铌矿床一般工业要求见表 1-5，钽铌矿床伴生矿物较多，要注意综合评价和综合回收。

表 1-5 钽铌矿床一般工业要求

矿床类型	Ta_2O_5/ Nb_2O_5	边界品位/%		工业品位/%		最小可采厚度/m	夹石剔除厚度/m
		$(Ta,Nb)_2O_5$	或 Ta_2O_5	$(Ta,Nb)_2O_5$	或 Ta_2O_5		
花岗伟晶岩类矿床	>1	0.012~0.015	0.007~0.008	0.022~0.026	0.012~0.014	0.8~1.5	≥2
碱性长石花岗岩矿床	>1	0.015~0.018	0.008~0.01	0.024~0.028	0.012~0.015	1.5~2	≥4

矿床类型	$Ta_2O_5/$ Nb_2O_5	边界品位/%		工业品位/%		最小可采 厚度/m	夹石剔除 厚度/m
		$(Ta,Nb)_2O_5$	或 Ta_2O_5	$(Ta,Nb)_2O_5$	或 Ta_2O_5		
风化壳矿床	—	0.008~0.010	重砂 80~120g/m³	0.016~0.020	重砂 250~280g/m³	0.5~1.0	—
原生铌矿床	—	0.05~0.06	—	0.08~0.12	—	5.0	≥5.0
砂矿床	—	0.004~0.006	重砂 40g/m³	0.01~0.012	重砂 ≥250g/m³	0.5	≥2

1.5　钽铌精矿质量标准

1.5.1　钽铁矿-铌铁矿精矿质量标准

《中华人民共和国冶金工业部部标准：钽精矿》（YB 5000—1987）适用于经过选矿富集获得的钽精矿，供提取钽铌氧化物及其金属和制造合金等用。钽精矿按 $(Ta,Nb)_2O_5$ 含量及 Ta_2O_5 含量划分为三个等级七个品级，以干矿品位计算，如表 1-6 和表 1-7 所示。

表 1-6　我国钽铁矿精矿部分（YB 5000—1987）

等级	品级	化学成分/%				
		$(Ta,Nb)_2O_5$（不小于）	Ta_2O_5（大于）	TiO_2	SiO_2	Fe_2O_3
一等品	1	60	40			
	2	55	38	5	7	3
	3	55	35			
二等品	1	50	32			
	2	45	29	6	11	3.5
	3	45	26			
三等品		40	22	7	15	4

表 1-7　我国铌铁矿精矿部分（YB 5000—1987）

级别	类别	化学成分/%		杂质含量（不大于）/%				
		$(Ta,Nb)_2O_5$（不小于）	Ta_2O_5	Fe_2O_3	TiO_2	SiO_2	Sn	P
特级	1	65.00	≥5.00	2.50	3.00	3.50	0.40	0.35
	2		<5.00					
一级	1	60.00	≥5.00	3.50	4.00	4.50	0.50	0.40
	2		<5.00					
二级	1	55.00	≥5.00	7.50	5.00	5.00	—	0.50
	2		<5.00					

续表1-7

级别	类别	化学成分/%		杂质含量（不大于）/%				
		$(Ta,Nb)_2O_5$（不小于）	Ta_2O_5	Fe_2O_3	TiO_2	SiO_2	Sn	P
三级	1	50.00	≥5.00	9.00	6.50	5.50	—	0.60
	2		<5.00					
四级	1	40.00	≥5.00	9.00	8.00	10.00	—	0.60
	2		<5.00					

冶金工业出版社，2015年出版的《选矿工程师手册》中钽铁矿-铌铁矿精矿质量标准见表1-8。钽铁矿-铌铁矿精矿按$(Ta,Nb)_2O_5$的含量及Ta_2O_5的含量分为四级十五类，以干矿品位计算，应符合表1-8的规定。该标准适用于砂矿、风化壳及原生矿经选矿富集获得的钽铁矿-铌铁矿精矿，供提取钽铌氧化物及其金属和制造合金等用。

表1-8　钽铁矿-铌铁矿精矿质量标准

等级			一级品				二级品				
分类			1类	2类	3类	4类	1类	2类	3类	4类	5类
成分/%	$(Ta,Nb)_2O_5$（不小于）		60	60	60	60	50	50	50	50	50
	Ta_2O_5		≥35	≥30	≥20	<20	≥30	≥25	≥17	<17	<17
	杂质（不大于）	TiO_2	6				7				9
		SiO_2	7				9				9
		WO_3	5				5				6

等级			三级品				四级品	
分类			1类	2类	3类	4类	1类	2类
成分/%	$(Ta,Nb)_2O_5$（不小于）		40	40	40	40	30	30
	Ta_2O_5		≥24	≥20	≥13	<13	≥20	≥15
	杂质（不大于）	TiO_2	8				10	
		SiO_2	11				13	
		WO_3	5				5	

注：精矿中U_3O_5、ThO_2的含量由供方通知需方，但不作为限定杂质。精矿中不得混入外来夹杂物。用双层袋包装，包装质量由供需双方议定。

1.5.2　褐钇铌矿精矿质量标准

该标准适用于砂矿或原生矿经选矿富集获得的褐钇铌精矿，供提取铌（钽）和稀土等金属及其化合物用。

褐钇铌矿精矿质量标准按化学成分分为两级，以干矿品位计算，应符合如表1-9所示的规定。

表 1-9   褐钇铌矿精矿质量标准

等级	$(Ta,Nb)_2O_5$（不小于）/%	杂质（不大于）/%		
		TiO_2	SiO_2	WO_3
一等品	35	4	4	0.5
二等品	30	5	6	0.5

资料来源：《选矿工程师手册》，冶金工业出版社，2015 年。

注：精矿中（Ta,Nb）$_2O_5$ 含量少于 30% 时，由供需双方议定。精矿中不得混入外来夹杂物。用双层袋包装，包装质量由供需双方议定。

1.6   钽铌的供需分析

1.6.1   钽的供需

1.6.1.1   钽市场供应混乱，价格波动较大

根据美国地调局统计，1970 年全球的钽产量仅为 318t，到 2017 年全球钽产量也仅仅增长到 1270t，经过 50 年的发展，钽产量仅仅增加了 4 倍。与其他矿产比较，全球钽矿的产量和市场需求量都比较小。目前在产的钽矿中，小型钽矿山较多，手工矿山在钽矿供应中占据主导地位，市场需求和供给不稳定造成钽价格波动较大，1970 年 1t 钽的价格为 19200 美元，2000 年钽价曾暴涨到历史最高的每 1t 591000 美元，2011 年以来，钽价达到阶段高点后开始低迷，2017 年初 1t 钽矿价格降到 115000 美元，随后开始反弹，2017 年 7 月 1t 钽精矿价格涨到了 159000 美元，涨幅达到 38%，2018 年 1t 钽精矿价格涨到 205300 美元，近 50 年涨了 10 倍。预计未来钽金属价将在 130~220 美元/kg 之间波动。钽没有在任何金属交易所挂牌交易，因而没有官方的钽价格，钽的价格完全由买卖双方协商决定。

1.6.1.2   钽的消费重点发生转移，需求量稳步缓慢增长

2008 年、2016 年和 2026 年钽的需求变化趋势如图 1-1 所示。从图 1-1 可知，钽在电容器中的消费占比逐渐减小，而在其他领域如超级合金、化学品、半导体工业钽溅射靶材等的消费占比逐渐扩大。从 2017 初到 2026 年底的未来 10 年，全球钽的市场需求年增长率估计为 3.4%，其中钽电容器由于电子市场趋于饱和，被替代产品取代，年均增长率仅为 1.5%；钽常规材料和制品随全球经济增长，年均增长率可达 4%；碳化钽硬质合金由于被廉价替代品所替代，年均增长率仅为 2%；半导体工业钽溅射靶材需求增长强劲，年均增长率可达 4.5%；超级合金随着航空工业发展，年均增长率可达 4.6%；用于滤波器和光学玻璃等的钽酸锂和五氧化二钽等钽化物的需求，乐观估计年均增长率为 5%。高温合金中钽的需

求达到 7% 的年均增长率，主要是由于商业航空航天部门的广阔前景。

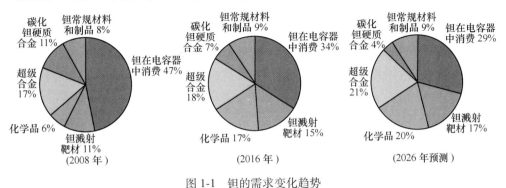

图 1-1 钽的需求变化趋势

1.6.1.3 钽资源供给充足，但供应格局会发生变化

全球钽矿资源丰富，目前开采的钽矿资源主要来自伟晶岩矿体中的钽铁矿、钽铌铁矿、锡锰钽矿和细晶石等矿物，其中最主要的钽矿床位于澳大利亚、巴西和非洲。全球钽资源的供给主要有三个来源：（1）伟晶岩型锂、钽、锡硬岩矿床及残积风化型钽矿床；（2）锡冶炼渣及其他废料中的钽回收；（3）钽制品的二次资源回收。

2010 年以前的十多年，澳大利亚的钽矿产量占全球钽供应量的 60% 以上，2010 年以后澳大利亚的钽矿产量快速下降，2016 年几乎降至零，原因是钽的价格走低，使当地的常规钽矿开采变得不经济，澳大利亚仅在锂辉石生产时附带回收了少量的共伴生钽矿。非洲中部大湖地区逐渐填补了钽的供应缺口，2017 年非洲地区钽矿占到全球钽矿供应的 80%，其中主要是卢旺达和刚果民主共和国。近年来，大湖地区钽矿产量已占全球产量的 45%~55%。未来的钽消费者将很可能转向低成本、无冲突的钽矿供应商，避免违反"冲突矿产采购政策"，到 2026 年大湖地区的钽供应预计将出现明显下降。2016 年约 19% 的钽供应来自南美洲，主要来自巴西的两个大型矿山：巴西 Mibra 锂钽矿在 2017 年初火灾发生后已经重建，锂共伴生钽矿产量将增加；巴西的 Pitinga 锡钽铌矿也在扩大生产。到 2026 年，南美洲可能占全球钽供应的 24%。2017 年，澳大利亚锂矿的副产品——钽供应开始增加，到 2026 年，澳大利亚锂辉石和锡矿等矿产中回收钽矿资源，将供应全世界钽需求量的 20%。随着澳大利亚锂辉石矿开采的大规模增长，共伴生的钽副产品产量将会增加，这将是该行业在未来几年可能会发生的重大变化。2017—2026 年，钽资源的新增供应量可能会增加 37%。随着大量矿产地明确的钽资源进入市场，预计中部非洲的重要性将减弱，到 2020 年以后，非洲大陆在世界钽产量中所占的份额可能会降至 40% 以下。刚果民主共和国政府将特许权使用费提高到 10% 的决定也可能影响非洲的钽市场份额。

2017 年全球手工开采、传统钽矿山、从锂辉石生产中回收的共伴生钽矿、从冶炼渣和废旧钽制品中回收的人造钽矿产量分别占全球钽产量的 53%、33%、7% 和 7%，预测到 2026 年这一数据将变化为 34%、41%、20% 和 5%。

随着共伴生钽的大型锂矿山大规模的开发，未来钽供给将逐步从非洲手工开采的小、散矿山逐步向南美洲、澳大利亚等地区的钽矿山转移。

1.6.2　铌的供需

1.6.2.1　铌产量趋于稳定，价格和市场高度垄断

1965 年全球铌产量仅为 3120t，到 2017 年全球铌产量达到 64000t，50 多年增加了 20 倍，1t 铌的价格也从 1965 年的 2680 美元上涨到 2017 年的 42000 美元，价格上涨了 16 倍。在 2004 年到 2014 年的 10 年里，铌的产量以每年 9.5% 的复合增长率增长，2014 年全球铌产量达到创纪录的 6.86 万吨，此后 2015 年和 2016 年铌产量开始小幅下降，2017 年趋于稳定。

全球铌矿生产被巴西 CBMM 公司、中国洛阳钼业（2016 年收购了 AngloAmerican 公司巴西 Catalao 铌矿的资产）和加拿大 Magris Resources 公司三家公司垄断，铌市场占有率分别为 75%~85%、8%~12% 和 8%~10%。这三家公司分别开采全球最大的三个高品位铌矿：巴西的 Araxá 铌矿，巴西的 Catalao 铌矿和加拿大的 Niobec 铌矿，这三个矿床不仅储量大，而且品位高，具有很大的资源优势。

几十年来，世界没有发现新的大型高品位铌矿资源，也没有规模化的新的铌矿企业投入生产，目前全球的铌铁生产能力已经过剩，未来还有两家铌矿企业可能在近期投入生产，其中一家是澳大利亚上市的 Cradle Resources 公司，该公司位于坦桑尼亚的 Panda Hill 项目有可能在 2020 年前投产，计划每年生产含铌 66% 的铌铁 8.2 万吨，计划占全球份额的 5% 左右；另一家公司是加拿大上市的美国公司 NioCorp，该公司正在建设开发位于美国内布拉斯加州的 Elk Creek 铌钽钪矿，该矿山采用湿法冶金工艺，计划每年生产铌 4500t 左右，占全球铌产量份额的 6% 左右。这些新的供应市场份额较小，不会对铌的市场垄断形势产生大的影响。

铌没有在任何金属交易所挂牌交易，因而没有官方的铌价格，铌的价格完全由买卖双方协商决定。在 1999 年以前的相当长一段时间，1t 铌的价格稳定在 6600 美元，但是具有市场垄断地位的 CBMM 公司倾向于控制价格，在 2000 年实施了价格翻番计划，将 1t 铌价提高到 13780 美元，此后每年小幅加价，直到 2010 年涨到 41500 美元，这个价格一直稳定到 2017 年，其间钢铁市场的变化似乎对铌的价格没有影响，2008 年全球金融危机也没有影响其价格上升，2010 年

到 2017 年中国钢铁产量快速增长也没有刺激铌价进一步上涨。

由于铌的价格完全由买卖双方协商决定，因此，全球铌的价格明显缺乏弹性。鉴于铌的垄断性和全球对铌的稳定需求，因此，估计在未有特别情况影响下（如垄断公司强行涨价、停产等）未来的铌价前景是温和稳定的增长，不太可能出现急涨。

1.6.2.2　铌需求潜力巨大，但增长缓慢

从 2006—2017 年全球铌产量和市场需求增长缓慢，年均复合增长率仅为 0.3%。铌具有很多优异性能，在低合金高强度钢方面体现得最为突出。铌被美国视为一种"战略金属"，因为它对国家安全和工业至关重要。世界上 90% 的铌被制备成为铌铁产品被用于钢铁工业，仅有约 10% 铌用于高性能合金（包括高温合金）、超硬碳化物、超导体、电子元器件和功能陶瓷等高附加值产品。铌铁在钢铁工业中主要用于生产高强度低合金钢，而广泛应用于建筑业和大型钢铁工程建造、汽车工业和油气管道制造业等行业。铌铁也适用于某些类型的不锈钢和耐热钢。在钢铁中添加 0.05% 质量的铌，就可以显著提高钢材的强度，因此减少钢材用量和质量，这可以大大降低成本。世界钢铁协会的报告表明仅需要 9 美元约 0.22kg 的铌，一辆中型汽车的质量就可以减少 100kg，汽车的燃油效率可以增加 5%。在法国引以为傲的 Millau Viaduc 钢索高架桥工程中低合金钢材加入 0.025% 的铌，使钢和混凝土的重量在整个工程中减少了 60%。铌是一种对未来经济社会向节能、环保可持续发展方面至关重要的元素。目前全球仅有 10% 的钢铁产品中添加了铌，工业发达国家的钢材铌使用强度约为 80~100g/t，发展中国家钢材铌使用强度一般为 50g/t，2017 年我国的粗钢产量达 8.3 亿吨，全球产量占比高达 49.2%，截至 2014 年，中国的钢材铌使用强度仅为 23g/t，铌在中国还有很大的市场潜力。随着钢铁工业的发展和钢铁产品升级需求，铌在钢材中的使用强度会不断增长，尤其在中国和印度等发展中国家，更轻、更耐用、更坚固的含铌钢材的应用领域会不断扩大，应用于航空航天和发电设备的铌超级合金不仅在美国、西欧和日本，而且可能在中国、巴西、印度和俄罗斯也有所增长，俄罗斯和美国等国家油气管道用铌量也会有所增加。因此，估计未来铌需求逐步稳定增长，预计未来铌的需求增长率将与全球经济增长率接近。

2 钽和铌的工艺矿物学

2.1 钽、铌在矿石中的主要存在形式和矿物种类

2.1.1 钽、铌在矿石中的主要存在形式

铌、钽同属元素周期表中第ⅤB族，分别处于第5、6周期，铌和钽的化学性质十分相近，均有惰性气体的电子层结构，电负性较小（Nb为1.6，Ta为1.3），根据元素结合的基本规律，铌和钽属于亲氧元素，在自然界一般形成氧化矿物，此外在氟离子存在的条件下，也会有氟离子替代氧，如烧绿石（Ca，Na）$_2$Nb$_2$O$_6$（OH，F）。由于镧系收缩（指镧系稀土元素从镧至镥的离子半径随着原子序数增大而递减）的影响，铌和钽的离子半径几乎相等，两元素的离子半径Nb^{5+}（0.069nm）和Ta^{5+}（0.068nm）极相近，配位数相同，离子结构类型相似，决定了铌、钽矿物间存在着完全的类质同象置换，两者在自然界总是形影相随。同时，铌、钽与钛、锡等元素的电负性（Ti 1.5，Sn 1.8）相近，离子半径Ti^{3+}（0.069nm）、Ti^{4+}（0.064nm）、Sn^{4+}（0.074nm）也相近，因此，铌、钽矿物中元素类质同象替代十分广泛，在矿石中铌钽矿物十分复杂，可分为三大类：

（1）简单和复杂氧化物类中的铌钽矿物：金红石族矿物、钙钛矿族矿物、铌钽铁矿族矿物；

（2）钽、铌酸盐类矿物：烧绿石族矿物。

（3）钛钽、铌酸盐类矿物：褐钇铌矿族矿物、易解石族矿物、黑稀金矿族矿物、铌钇矿族矿物，矿物种类繁多，约70余种（包括矿物的变种和亚种）。

2.1.2 钽、铌矿物种类

目前已知的钽、铌矿物和含钽、铌的矿物有130多种，矿石中常见的铌钽矿物种类名称及含量如表2-1所示。

表 2-1　钽、铌矿物类型和种类

矿物类型	矿物种类	化学式	Ta$_2$O$_5$和Nb$_2$O$_5$理论含量/%
简单和复杂氧化物类	铌钽铁矿	（FeMn）（NbTa）$_2$O$_6$	Ta$_2$O$_5$：50~30 Nb$_2$O$_5$：30~50

续表 2-1

矿物类型	矿物种类	化学式	Ta_2O_5 和 Nb_2O_5 理论含量/%
简单和复杂氧化物类	钽铁矿	$(FeMn)(NbTa)_2O_6$	$Ta_2O_5 > 50$
	钽锰矿	$(FeMn)(NbTa)_2O_6$	$Nb_2O_5 < 50$
	铌铁矿	$(FeMn)(NbTa)_2O_6$	$Ta_2O_5 < 50$
	铌锰矿	$(FeMn)(NbTa)_2O_6$	$Nb_2O_5 > 50$
	重钽铁矿	$FeTa_2O_6$	Ta_2O_5: 86.01
	贝塔石	$(Ca,U)_{2-x}(Ti,Nb)_2O_{6-x}(OH)_{1+x}$	$(Nb,Ta)_2O_5$: 11.54~46.87
	稀土贝塔石	$(Ca,U,REE)_2(Ti,Nb)_2O_6(OH)$	REO 高达 9~16
	钽贝塔石	$(Ca,U)_2(Ti,Nb,Ta)_2O_6(OH)$	Ta_2O_5 最高达 39
	钍贝塔石	$(Ca,Th)_2(Ti,Nb)_2O_6(OH,F)$	ThO_2 可达 11
	铅贝塔石	$(Ca,U,Pb)_2(Ti,Nb)_2O_6(OH)$	PbO: 20
	四方钽锡矿	$(Fe,Sn)_5TaO_{12}$	Ta_2O_5: 21.50
	锡钽锰矿	$(Fe,Sn)TaO_4$	Ta_2O_5: 66.49
	锡锰钽矿	$MnSnTa_2O_8$	Ta_2O_5: 66.60
	铌镁矿	$MgNb_2O_6$	Nb_2O_5: 86.83
	铌钇矿	$Y(Fe,U)(Nb,Ta)_2O_6$	含量变化大
	钽锡矿	$Sn(Ta,Nb)_2O_7$	Ta_2O_5: 74.87
	铌钙矿	$CaNb_2O_6$	Nb_2O_5: 56.54~74.44
	铈铌钙钛矿	$(Na,Ce,Ca)(Ti,Nb)O_3$	Nb_2O_5: 9~25
	富铌铈铌钙钛矿	$(Na,Ce,Ca)(Ti,Nb)O_3$	$Nb_2O_5 > 25$
	钍铈铌钙钛矿	$(Na,Ce,Th)_{1-x}(Ti,Nb)O_{3-x}(OH)$	Nb_2O_5: 9~25
	钙钛铌矿	$(Na,Ca)(Nb,Ti)O_3$	Nb_2O_5: 43.90
	斜方钠铌矿	$NaNbO_3$	Nb_2O_5: 81.15
	白钠铌矿钠铌矿	$NaNbO_3$	Nb_2O_5 变化
		$NaNbO_3$	Nb_2O_5: 74.06
	羟铅铌钽矿	$(Na,K,Pb,Li)(Ta,Nb,Al)_{11}(O,OH)_{30}$	$(Ta,Nb)_2O_5$: 86.87
	铌铁金红石	$(Ti,Nb,Fe^{3+})_3O_6$	Nb_2O_5: 1~20
	钽铁金红石	$(Ti,Ta,Fe^{3+})_3O_6$	Ta_2O_5 含量不定
钽、铌酸盐类	钽锑矿	$SbTaO_4$	Ta_2O_5: 60.24
	铌锑矿	$SbNbO_4$	Nb_2O_5: 47.69
	钽铋矿	$Bi(Ta,Nb)O_4$	Ta_2O_5: 48.67
	钽铝矿	$Al_4Ta_3O_{12}OH$	Ta_2O_5: 60.01~71.54
	烧绿石	$(Ca,Na)_2Nb_2O_6(OH,F)$	Nb_2O_5: 73.05
	铀钽烧绿石	$(Ca,U)_2(Nb,Ta)_2O_6(OH)$	Ta_2O_5: 13
	钇铀钽烧绿石	$(Ca,Y,U)_2(Nb,Ta)_2O_6(OH)$	Ta_2O_5: 29.60
	水烧绿石	$(Ca,Na)_2Nb_2O_6(O,F,OH)$	H_2O: 6.8, Nb_2O_5: 40

矿物类型	矿物种类	化学式	Ta_2O_5 和 Nb_2O_5 理论含量/%
简单和复杂氧化物类	铀铅烧绿石	$(U,Pb)_2Nb_2O_6(OH)$	$UO_2:21$, $PbO:7$, $Nb_2O_5:60.45$
	钡锶烧绿石	$(Ba,Sr)_2(Nb,Ti)_2O_7 \cdot H_2O$	$BaO:12$, $SrO:6$, $Nb_2O_5:68.82$
	铅烧绿石	$(Ca,Pb,REE)_2Nb_2O_6(OH)$	$(Nb,Ta)_2O_5:39.16$
	细晶石	$(Ca,Na)_2(Ta,Nb)_2O_6(O,OH,F)$	$Ta_2O_5:82.14$
	铀细晶石	$(Ca,U)_2Ta_2O_6(OH,F)$	UO_2 达 15, $Ta_2O_5:67$
	铋细晶石	$(Ca,Na,Bi)_2Ta_2O_6F$	Bi_2O_3 可达 3.25, $Ta_2O_5:79.72$
	锑细晶石	$(Ca,Sb)_2(Ta,Nb)_2O_6(OH)$	$Sb:25.3$, $Ta_2O_5:52.30$
	铅细晶石	$(Ca,Na,Pb)_2(Ta,Nb)_2O_6(OH)$	PbO 达 28, $Ta_2O_5:53.84$
	钡细晶石	$(Ca,Ba)_2(Ta,Nb)_2O_6(O,OH)$	BaO 达 5, $Ta_2O_5:71.59$
	锡铌钽矿	$Sn_2Ta_2O_7$	$(Ta,Nb)_2O_5:55$
钛钽、铌酸盐类	褐钇铌矿	$YNbO_4$	$Y>Ce$, $Nb_2O_5:32.29\sim51.65$
	B-褐钇铌矿	$YNbO_4$	褐钇铌矿高温变种, $Nb_2O_5:40.98$
	黄钇钽矿	$YTaO_4$	$Ta>Nb$, $Ta_2O_5:55.51$
	褐铈铌矿	$CeNbO_4$	$Nb_2O_5:41.18(42.98)$
	易解石	$Ce(Ti,Nb)_2O_6$	$\sum Y<9$, $Nb_2O_5:24.68$
	钇易解石	$Y(Ti,Nb)_2O_6$	$\sum Ce<5$, $Nb_2O_5:28.91$
	钍易解石	$(Ce,Y,Th,Ca)(Ti,Nb)_2O_6$	$Nb_2O_5:16.15$
	铀易解石（震旦石）	$(Ce,Y,Th,U,Ca)(Ti,Nb)_2O_6$	$UO_2>5$, $Nb_2O_5:30$
	钛易解石	$Ce(Ti,Nb)_2O_6$	$TiO_2>30$, $Nb_2O_5:15.56$
	铌易解石	$(Ce,Ca,Th)(Nb,Ti)_2O_6$	$Nb_2O_5>40$
	钽易解石	$(Ce,Ca,Th)(Ti,Nb,Ta)_2O_6$	$Ta_2O_5:19.05$
	铝易解石	$(Ce,Ca)(Nb,Ti,Al)_2O_6$	$Al_2O_3:7.37$, $Nb_2O_5:45.48$
	黑稀金矿	$Y(Nb,Ti)_2O_6$	$(Nb,Ta)_2O_5>TiO_2$, $Nb_2O_5:33.70$
	复稀金矿	$Y(Ti,Nb)_2O_6$	$TiO_2>(Nb,Ta)_2O_5$, $Nb_2O_5:17.99$
	黑钛铌矿	$(Na,Y,Er)_4(Zn,Fe)_2(Nb,Ti)_6O_{18}(F,OH)$	$Nb_2O_5:10.01$

2.2　主要钽、铌矿物的晶体化学性质和物理化学性质

2.2.1　钽、铌铁矿族矿物 $(Fe,Mn)(Nb,Ta)_2O_6$

（1）晶体化学性质。钽、铌铁矿族矿物根据铁锰和铌钽原子比依二等分法分为四个亚种，包括铌铁矿原子比（Nb/Ta>1，Fe/Mn>1）、铌锰矿（Nb/Ta>1，Fe/Mn<1）、钽铁矿（Nb/Ta<1，Fe/Mn>1）、钽锰矿（Nb/Ta<1，Fe/Mn<1），自然体系中常见的是铌铁矿及过渡矿物，钽铌铁矿，锰钽铌铁矿，铌钽锰矿等矿物。根据钛、锡、钨、钇的代替又可分为以下变种：钛-铌铁矿、锡-铌铁矿、

钨-铌铁矿和钇-铌铁矿等。该族矿物晶体结构中氧作近似四层最紧密堆积，铌、钽、铁、锰离子位于八面体空隙，组成两种不同八面体的氧化物，其一为 $(Nb^{5+}, Ta^{5+})O_6$ 八面体，其二为 $(Fe^{2+}, Mn^{2+})O_6$ 八面体，Nb 和 Ta 之间，Fe 和 Mn 之间可无限互代。每个八面体和另外三个八面体共棱联结，其中与两个八面体共棱形成平行 c 轴的锯齿状八面体链，并与第三个八面体共棱联结，链与链之间形成平行 (100) 晶面的网层。在 a 轴方向 $[(Fe^{2+}, Mn^{2+})O_6]$ 和 $[(Nb^{5+}, Ta^{5+})O_6]$ 八面体按 1∶2 的比例相互交替排列。原子间距在铌铁矿中测得：Fe-O 为 0.212~0.214nm，Nb-O 为 0.186~0.212nm。

（2）物理化学性质。钽、铌铁矿晶体薄板状、厚板状、柱状，也见呈针状，双晶呈板状心形、扇形、聚片双晶等，集合体呈块状、晶簇状、放射状，柱状晶体有时见平行连生。一般晶面平滑，有时晶面可见纵纹，或见表面粗糙呈焦炭状。颜色黑~褐黑色，条痕暗红~黑色，金刚光泽~半金属光泽，透明~不透明。含锰、钽高的铌锰矿和钽锰矿颜色较浅，呈暗黑红~黄棕色，条痕浅红色，碎片半透明。硬度和密度变化大，摩氏硬度 4.2（铌铁矿）~7（钽锰矿），密度 5.37~7.85g/cm³，密度随钽含量增大而增大，钽铁矿最大密度可达 8.175g/cm³，铌锰矿密度最小，为 5.36g/cm³。弱~强电磁性。

（3）光学性质。薄片中铌铁矿不透明，随着含锰量增加，透光性增加，含锰变种暗红至褐色，并具多色性，与黑钨矿极相似，黑钨矿硬度略低，与铌铁矿的区别，可根据两者反射色的差别确定。

（4）成因产状。主要产于碱性杂岩-碳酸岩、花岗伟晶岩脉中，与石英、长石、白云母、锂云母、黄玉、锡石、独居石、细晶石、易解石等共生，内蒙古白云鄂博稀土-铌-铁矿床是中国最大的伴生铌铁矿矿床，其次产于钠长石化、云英岩化黑云母花岗岩中，共生矿物有石英、长石、铁锂云母、黑云母、锆石、独居石、锡石、钍石、细晶石、黄玉等，少量产于侵入到石灰岩内的细晶岩脉中，共生矿物有石英、正长石、钠长石、更长石、锡石、黑钨矿、黄玉、透辉石、透闪石、镁橄榄石等。

2.2.2 烧绿石-细晶石

首先分析烧绿石与细晶石的晶体化学性质。烧绿石与细晶石为同族矿物，由于存在广泛的类质同象替代，矿物成分非常复杂，矿物的成分通式可以用 $A_{2\sim x}B_2X_7$ 表示，A 组阳离子主要是 Na^+、Sr^{2+}、Ba^{2+}、Mg^{2+}、Fe^{2+}、Mn^{2+}、Pb^{2+}、Sb^{2+}、Bi^{3+} 等元素，B 组阳离子主要是 Nb^{5+}、Ta^{5+}、Ti^{4+} 等元素，根据 B 组阳离子种类划分为贝塔（富钛）、烧绿石（富铌）和细晶石（富钽）。

晶体结构类似萤石，即萤石晶胞由八个小立方体组成，但在烧绿石晶体中一半配位立方体为八面体所代替，并减少一个阴离子，A 组阳离子位于立方体中心，B组阳离子位于八面体中心。立方体和八面体之间以棱相连，八面体之间以角顶相连，由于一半立方体被八面体代替，所以烧绿石的晶胞棱长增大一倍。烧绿石亚族矿物中广泛存在类质同象替代，尤其是A组阳离子的异价类质同象替代，使矿物产生缺席结构和电价不平衡。

2.2.2.1　烧绿石 $(Ca,Na)_2Nb_2O_6(OH,F)$

（1）化学性质。烧绿石理论化学成分为 Na_2O：8.52%，CaO：15.14%，Nb_2O_5：73.05%，F：5.22%。烧绿石的A组阳离子主要为钙、钠，它们常可被铀、稀土、钇、钍、铅、锑、铋等所代替，而成为变种烧绿石，有铈烧绿石、水烧绿石、铀烧绿石、钇铀烧绿石、铈铀烧绿石、钇铀钽烧绿石、铀铅烧绿石、钡锶烧绿石和铅烧绿石等。

（2）物理性质。烧绿石晶体呈八面体或八面体与菱形十二面体的聚形，颜色为淡黄色、浅红棕色~棕黄色，含铀、钍的烧绿石颜色变深，甚至变为灰黑~黑色，金刚~油脂光泽，贝壳状断口。摩氏硬度5~5.5，密度 $4.03~5.40g/cm^3$。

（3）光学性质。薄片中黄白色或不同色调的褐色、浅红色、无色。均质体，有时具弱非均质性。$n=1.96~2.27$。常见环带构造。反射光下灰色，反射率：$R=8.2~13.7$。内反射为褐、橙、黄色。

（4）成因产状。烧绿石可产于多种岩体中。产于霞石正长岩及碱性正长岩体中，共生矿物有钠长石、锆石、磷灰石、钛铁矿、榍石、黑云母、易解石、褐帘石、铌铁金红石、铌钙矿；产于钠闪石正长岩中，与锆石、星叶石、萤石等共生；产于钠长石化碱性伟晶岩中，与锆石、铌铈钇矿、钠长石、磷灰石、霓石、碱性角闪石共生，产于碳酸岩中，与锆石、铈钙钛矿、钙钛矿、磷灰石、磁铁矿共生；产于花岗岩与白云岩的外接触带中，与钠长石、霓石、镁钠铁闪石、重晶石、萤石、铌铁矿、易解石等共生；产于钠长石花岗岩中，与钠闪石、黄玉、冰晶石等共生。

2.2.2.2　细晶石 $(Ca,Na)_2Ta_2O_6(OH,F)$

（1）化学性质。细晶石理论化学成分为 Na_2O：5.76%，CaO：10.43%，Ta_2O_5：82.14%，H_2O：1.67%。细晶石的B组阳离子以钽为主，其中 Nb_2O_5 含量不超过10%，阴离子中常有F、OH^- 代替 O^{2-}。根据A组阳离子的不同，有不同变种细晶石，如铀细晶石、铋细晶石、锑细晶石、铅细晶石和钡细晶石。U^{4+} 代替 Ca^{2+}，而使细晶石结构产生缺陷结构。

（2）物理性质。细晶石晶体与烧绿石类似，呈八面体或八面体与菱形十二面体的聚形，颜色为浅黄~黄褐色，少数呈橄榄绿色，含铀高的细晶石呈褐色~深褐色。玻璃~油脂光泽，贝壳状断口。摩氏硬度5~6，密度 $5.9~6.4g/cm^3$。

（3）光学性质。薄片中无色或带浅黄色、浅绿色。透明，突起高。均质性，$n = 1.93 \sim 2.023$。反射光下呈褐、黄或浅黄绿色，反射率 $R = 8.2 \sim 13.7$。

（4）成因产状。与烧绿石主要产于碱性岩相关的矿床中不同，细晶石主要产于与酸性岩有关的矿床中，尤其与晚期交代作用有关。产于钠长石花岗伟晶岩中，与锰钽、铌铁矿、绿柱石、富铪锆石、锡石、铝榴石、黄玉、石英等共生；产于云英岩化、钠长石花岗岩中，与钠长石、锂云母、黄玉共生；产于钠长石化细晶岩中，与锰钽矿、电气石、黄玉等共生。

2.2.2.3　贝塔石 $(Ca, U)_{2 \sim x}(Ti, Nb)_2 O_{6 \sim x}(OH)_{1+x}$

（1）化学性质。贝塔石与烧绿石的差别是成分中含有较多的钛和铀，其变种有稀土贝塔石、钽贝塔石、锆贝塔石、铝贝塔石、钇贝塔石和铅贝塔石。

（2）物理性质。贝塔石晶体常呈八面体，或四角三八面体与八面体的聚形，颜色为浅绿褐色~深褐色，矿物表面常覆盖一层浅绿色薄膜，为该矿物的次生变化产物。油脂光泽，贝壳状断口。摩氏硬度 $4 \sim 5$，密度 $3.75 \sim 4.82 \text{g/cm}^3$，加热后密度可增加到 5.08g/cm^3。

（3）光学性质。薄片中无色或带浅黄色、浅绿色。透明，突起高。均质性，$n = 1.915 \sim 1.925$，加热后 $n = 2.02$。反射光下呈灰色，反射率 $R = 13$。

（4）成因产状。在自然体系，贝塔石比烧绿石和细晶石少见。可见于天河石花岗伟晶岩中，与微斜长石、黑云母、易解石、褐钇铌矿、钍石等共生；也见产于长霓岩化花岗伟晶岩中，与富钠辉石、角闪石、黑云母、磁铁矿、钛铁矿、锆石、褐帘石、钍石共生。此外，在热液岩脉中也见贝塔石与绿柱石、钍铀矿及独居石共生。

2.2.3　褐钇铌矿

首先分析褐钇铌矿的晶体化学性质。褐钇铌矿族矿物包括 α-褐钇铌矿、β-褐钇铌矿、黄钇钽矿、褐铈铌矿。本族矿物属 ABX_4 型。A 组阳离子主要是钇、稀土、钙、铀、钍、Fe^{2+}、镁、铅、钠等，B 组阳离子主要是铌、钽、钛，有时有 Fe^{3+}、锌、锡、钨等，X 组阴离子主要是氧、 OH^-，偶有氟。

褐钇铌矿的晶体结构为歪曲的白钨矿型结构，A 组阳离子（铈、钇等）配位数为 8，B 组阳离子（铌、钽等）配位数为 4，$(Ce, Y)O_8$ 配位多面体以棱及角顶与 $(Nb, Ta)O_4$ 配位多面体连结。

2.2.3.1　α-褐钇铌矿 $YNbO_4$

（1）化学性质。α-褐钇铌矿（$YNbO_4$）的理论化学成分为 Y_2O_3：43.37%，Nb_2O_5：56.63%，但在自然体系中很少见成分单纯的褐钇铌矿，由于类质同象替代广泛，褐钇铌矿的化学成分变化复杂，A组阳离子钇常为铈所代替，并常有钙、稀土、铀、钍替代，B组阳离子除铌之外，常有钽、钛，偶见有锆替代。

（2）物理性质。褐钇铌矿晶形状呈四方柱，晶体常见弯曲而呈纺锤状，矿石中多见粒状浸染分布。颜色为黄褐色~黑褐色，油脂光泽，贝壳状断口。摩氏硬度5.5-6.5，密度$4.89\sim5.82\mathrm{g/cm^3}$含铀、钍时常非晶质化。

（3）光学性质。薄片中显黄褐色、浅红褐色，有时深褐色。大多数不具多色性，一轴晶或二轴晶，可有正光性或负光性，由于非晶质化，常呈均质体，$n_p>2.18$，$n_m<2.28$，$n_g=2.28$，呈均质体时折射率$n=2.05\sim2.21$。反射光下颜色不均匀，浅黄灰色、灰色，内反射为褐红色。反射率$R=11\sim11.7$，有时达到14。

（4）成因产状。β-褐钇铌矿为α-褐钇铌矿的高温变种，当α-褐钇铌矿加温到800~950℃以上则转变成β-褐钇铌矿。α-褐钇铌矿主要产于与花岗岩和伟晶岩中，与微斜条纹长石、石英、黑云母、锆石、钛铁矿、楣石等共生；由于褐钇铌矿的化学成分较稳定，可产于残坡积及冲积砂矿，与锆石、独居石、磷钇矿、钛铁矿、锡石等共生。β-褐钇铌矿产于白岗岩的岩枝中，与锆石、曲晶石、铀土矿和硅铍钇矿共生。褐钇铌矿亦可产于与基性岩有关的矿床中，与磷钇矿、独居石、锆石、石英或黑云母等共生。

2.2.3.2　褐铈铌矿 $CeNbO_4$

（1）化学性质。褐铈铌矿（$CeNbO_4$）理论化学成分为Ce_2O_3：55.26%，Nb_2O_5：44.74%。自然体系中，褐铈铌矿类质同象替代广泛，B组阳离子以铌为主，常有钽和钛替代，A组阳离子除铈外，常有镧、钕、镨等铈族稀土，有时也有钇，并常见钍和铀的替代。

（2）物理性质。晶体呈四方双锥状，具聚片双晶。颜色红~红褐色，玻璃~油脂光泽，密度$5.34\mathrm{g/cm^3}$，因含铀、钍而具强放射性，并多见非晶质化现象。

（3）光学性质。薄片中呈红褐色，透明，突起高，由于非晶质化而呈均质体，加热到1000℃后矿物为二轴晶正光性，光轴角很小。

（4）成因产状。产于花岗岩与白云岩接触带的热液交代产物中，与硅镁石、金云母、白云石、磷灰石共生。

2.2.3.3　黄钇钽矿 $YTaO_4$

（1）化学性质。黄钇钽矿（$YTaO_4$）理论化学成分为Y_2O_3：33.82%，Ta_2O_5：66.18%。化学组成中钽可为铌代替，一般钽>铌，钇可为镱、镝等钇族稀土代替外，也常有铈族稀土和铀、钍代替，成分十分复杂。

（2）物理性质。黄钇钽矿晶体呈板状、长柱状，颜色为黄褐色、灰黄色，玻璃~油脂光泽，摩氏硬度5.5~6.5，密度$6.24\sim7.03\mathrm{g/cm^3}$，常具放射性，并非晶质化。

（3）光学性质。薄片中呈浅黄褐色，透明，突起高，由于非晶质化而呈均质体，$n=2.077$。反射光下呈灰色，反射率 $R=12.3$。内反射无色~浅褐色。

（4）成因产状。产于钠长石化、云英岩化花岗岩中，与锡石、独居石、磷钇矿、黑钨矿、石榴石等共生，也见产于砂岩中，与锡石、独居石、黑稀金矿、硅铍钇矿共生。

2.2.4　易解石

首先分析易解石的晶体化学性质。易解石矿物的成分通式可以用 AB_2X_6 表示，阳离子中广泛的类质同象代替，成分十分复杂，A 组阳离子主要是轻稀土、重稀土、钍、铀、钙、钠、Fe^{2+} 等离子，B 组阳离子主要是铌、钛、Fe^{3+} 等离子，有时有锆、铝、钽等，X 组阴离子主要为氧，有时有 OH^-。根据稀土种类划分为易解石、钇易解石，并有含钇-易解石、钍-易解石、钛-易解石、铌-易解石、钽-易解石等变种。

易解石晶体结构中，B 组阳离子钽、钛等组成歪曲的八面体，每两个 $(Ti,Nb)O_6$ 八面体通过共棱成对，每对八面体相连成锯齿状平行于 c 轴的链，链与链之间错开再通过共角顶构成架状结构，其中较大空隙为 A 组阳离子-轻稀土、A 组阳离子-重稀土充填，配位数为 8。

2.2.4.1　易解石 $Y(Ti,Nb)_2O_6$

（1）化学性质。易解石成分十分复杂，稀土成分以铈族稀土为主，钇族稀土含量小于 9%，我国内蒙古碳酸盐矿床中易解石稀土氧化物含量一般为 32%~37%，ThO_2 含量 1%~5%，个别高达 7.72%。

（2）物理性质。易解石晶体呈板状、针状，颜色为棕褐色、灰褐色、黑色，含钍高时呈褐红色，金刚~油脂光泽，贝壳状或不平坦断口。摩氏硬度 5.17~5.49，密度 4.94~5.37g/cm³，随着铌、钛、稀土含量增加，密度增大，随着钙含量增加而密度减小。具弱电磁性，因含铀、钍而常见非晶质化水解现象。

（3）光学性质。未晶质化的易解石在薄片中呈褐色，透明，突起高，多色性显著，n_p 方向为浅黄棕色，n_m 方向为棕色，n_g 方向为褐色。二轴晶，正或负光性。由于非晶质化而呈均质体，黑棕色，不透明，$n=2.15~2.27$，加热后可增至2.45。反射光下呈褐灰色，反射率 $R=15~16$。内反射较弱，为褐色。自然界产出的易解石非晶质化的较多，结晶质的较少。通常在加热至 700~800℃后，由非晶质转变为结晶质。

（4）成因产状。主要产于霞石正长岩等碱性岩及与之相关的碱性伟晶岩和碳酸岩中，偶见产于花岗伟晶岩中，与锆石、霓石、钠铁闪石、黑云母、独居石、氟碳铈矿、铌铁金红石、黑稀金矿、烧绿石等矿物共生。

2.2.4.2　钇易解石（Ce,Y,Tb,Ca）（Ti,Nb）$_2$O$_6$

（1）物理化学性质。钇易解石化学成分中以钇族稀土为主，铈族稀土含量小于 5%。晶体呈板状、双锥状，颜色棕黄色、棕红色，焙烧后变褐色，油脂~金刚光泽，有时表面暗淡并有黄色薄膜，磁性强于易解石。摩氏硬度 5.5~6.5，密度 5.1~5.3g/cm^3。

（2）成因产状。产于云霞岩体外接触带的钠钙闪石-石英细脉中，与磁铁矿、钠闪石、霓石-霓辉石、钠长石等共生。

2.2.5　黑稀金矿-复稀金矿

首先分析黑稀金矿-复稀金矿的晶体化学性质。黑稀金矿族矿物包括黑稀金矿、复稀金矿和铌钙矿。矿物的成分通式可以用 AB$_2$X$_6$ 表示，阳离子中广泛的类质同象代替，成分十分复杂，A 组阳离子主要是重稀土、钍、铀、钙、Fe^{2+} 等离子，B 组阳离子主要是铌、钽、钛等离子，X 组阴离子主要为氧。黑稀金矿晶体结构中，［NbO$_6$］或［TiO$_6$］八面体沿 c 轴以棱相连成链，链与链之间沿 a 轴方向以八面体角顶相连而成波形层。层之间通过 8 次配位的 Ca(Y) 离子联结起来。配位多面体强烈畸变。黑稀金矿中的 (Ti, Nb)—O(6)，原子间距为 1.84~2.30nm，Y—O(8) 原子间距为 2.23~2.45nm。铌钙矿与黑稀金矿等结构。

2.2.5.1　黑稀金矿 Y(Nb,Ti)$_2$O$_6$

（1）化学性质。黑稀金矿由于广泛的类质同象替代，成分十分复杂，A 组阳离子除了钇为主的稀土元素外，还有钍、铀、钙、Fe^{2+} 和少量镁、锰、铝、钠、钾、铋、钪等，B 组阳离子主要是铌、钽、钛，其次可有少量 Fe^{3+}、锡、锆等。黑稀金矿 (Nb,Ta)$_2$O$_6$>TiO$_2$（质量分数），其变种有钽黑稀金矿、铀黑稀金矿、铈黑稀金矿、钙黑稀金矿、铁黑稀金矿。

（2）物理性质。黑稀金矿晶体呈板状、板柱状，集合体呈块状、放射状、团块状。颜色为黑色、灰黑色、褐黑色、深褐色、褐黄色、橘黄色，有时带绿色调，风化表面常有褐色、黄色或青白色薄膜，半透明~不透明，金刚~油脂光泽或半金属光泽，贝壳状断口。莫氏硬度 5.5~6.5，密度 4.1~5.87g/cm^3，随着钽含量增加，密度增大。具电磁性，因含铀、钍而具强放射性。

（3）光学性质。未晶质化的黑稀金矿在薄片中呈褐色、红褐色、褐黄色、绿色，突起高，糙面显著，二轴晶，正光性。n_p = 2.14，n_m = 2.144，n_g = 2.15。光学性质随非晶质化程度而变化，完全非晶质化而呈均质性，n = 2.06~2.29，焙烧后折射率增高 0.04~0.16。反射光下呈灰白色、浅黄灰色、淡黄色，内反射淡黄色，微带黄之红色、黄褐色，红褐色、暗红色。反射率 $R=15.5\sim16.5$。通常因非晶质化而均质性，比反射及反射多色性一般不明显。

（4）成因产状。广泛分布于花岗伟晶岩中，与独居石、磷钇矿、褐帘石、钍石、锆石、氟碳铈钙矿、褐钇铌矿、铌铁矿等共生；也见分布在碱性正长岩及其伟晶岩的钠长石化带，与锆石、硅铍钇矿、钛铁矿、磷钇矿、星叶石共生；产于花岗岩和蚀变花岗岩，与褐钇铌矿、独居石、锆石、磷钇矿等共生；冲积砂矿中也见有黑稀金矿。

2.2.5.2 复稀金矿 $Y(Ti,Nb)_2O_6$

（1）化学性质。复稀金矿成分与黑稀金矿类似，唯有 $TiO_2>(Nb,Ta)_2O_6$，同样存在广泛的类质同象代替，当富含钽或锆时，称为钽-复稀金矿（Ta_2O_5 达 22.10%）和锆-复稀金矿（ZrO_2 达 17.00%）。其他物理性质和成因产状也与黑稀金矿类似。

铌钙矿（Ca,RE）$(Nb,Ti)_2(O,OH,F)_2$ 相当于黑稀金矿的富钙变种，A 组阳离子以钙为主，并有以铈为主的稀土元素及、钍、镁、Fe^{2+}、钠、钾、铅等代替，B 组阳离子主要是铌，其次为钛及少量的钽、硅、铝、Fe^{3+}、锡等，主要的变种有稀土铌钙矿。

（2）物理性质。晶体呈短柱状、不规则粒状，常与铌铁矿、烧绿石连生，或具烧绿石假象。颜色黑色、暗褐色，半透明，树脂~半金属光泽，贝壳状断口。摩氏硬度 4.5，密度 $4.69\sim4.80g/cm^3$，含铀、钍时具放射性，具非晶质现象。

（3）光学性质。复稀金矿光学性质与黑稀金矿类似，主要根据化学成分上 TiO_2 大于（Nb,Ta）$_2O_6$ 为鉴定特征，多因非晶质化而成为均质体。

（4）成因产状。铌钙矿是气成-热液矿物，常交代烧绿石，具烧绿石假象，或被铌铁矿交代。产于碱性岩（霞石正长岩）、碳酸岩、碱性伟晶岩及碱性花岗岩中，与烧绿石、铌铁矿、磷灰石、方解石、萤石、磁铁矿、硅镁石等共生。也产于白云岩与花岗岩接触的硅镁石-金云母岩中，与硅镁石、磷灰石、烧绿石共生。

3 钽铌矿石类型和选矿工艺

3.1 钽铌矿石类型及选矿工艺概述

3.1.1 钽铌矿石类型

钽铌矿为最复杂的矿种，常与其他稀有金属共生或伴生，钽、铌矿的主要矿石类型有如下 7 种：

（1）花岗伟晶岩型钽铌矿。为我国最有价值的钽铌矿类型，矿石以钽、铌为主，并伴生有锂、铷、铯等可综合利用的稀有金属。品位一般为 Ta_2O_5：0.01%~0.02%，Nb_2O_5：0.02%~0.2%。矿石主要为致密块状、斑杂状和条带状矿石。矿石中的矿物组成复杂，主要有用矿物为钽铌铁矿、钽铌锰矿、重钽铁矿、细晶石、锂辉石或腐锂辉石、锡石等。主要脉石矿物为长石、石英、白云母及电气石、磷灰石等。铷、铯主要以类质同象方式存在于云母和长石中。典型矿山：新疆阿勒泰、内蒙古大青山、湖北幕阜、四川康定、四川会理、福建南平。

（2）碱性长石花岗岩钽铌矿。可进一步细分为：1）钠长石、锂云母花岗岩型钽铌矿，该类矿石以钽、铌为主，伴生有锂、铷、铯等可综合利用的稀有金属。品位：Ta_2O_5：0.01%~0.02%，Nb_2O_5：0.02%~0.2%。钽、铌矿物为钽铌铁矿或钽铌锰矿、细晶石等，伴生锂云母、锡石等。脉石矿物主要为钠长石、正长石、石英、白云母、黄玉等。钽铌铁矿粒度一般为 0.02~0.8mm，细晶石的粒度常偏细。铷、铯主要以类质同象方式存在于钾长石和锂云母、锂电气石中。典型矿山：江西宜春、宜丰；2）钠长石、铁锂云母花岗岩型钽铌矿，该类矿石一般以铌为主，也含钽。主要矿物为铌铁矿、细晶石、铀细晶石，脉石矿物主要为铁锂云母、钠长石、钾长石、黄玉等。典型矿山：江西横峰；3）钠长石、黑磷云母花岗岩型钽铌矿，典型矿山：江西会昌旱䓫山、广东博罗；4）碱性花岗岩稀有金属矿，铌与锆、稀土共生，品位一般为 Nb_2O_5：0.5%~3%。主要铌矿物为易解石、铌铁矿和少量铌铁金红石；锆矿物主要为锆石；稀土矿物主要为独居石；脉石矿物为石英、微斜长石、黑云母、钠铁闪石、霓石-霓辉石。有用矿物嵌布粒度细，矿物化学成分复杂，物理性质变化大，矿物之间嵌布关系复杂等特点，属难选矿石。典型矿山：内蒙古巴尔哲稀有金属矿。

（3）热液铁矿伴生铌矿。矿石有用元素以铁、铌、稀土为主，伴生钪等稀有金属。品位：Nb_2O_5：0.05%~0.1%。铌矿物和稀土矿物种类繁多，铌矿物主要有铌铁矿-锰铌铁矿、铌钙矿、烧绿石、易解石、钛易解石、褐钇铌矿、铌铁金红石；稀土矿物有独居石、氟碳铈矿、氟碳钙铈矿、胶态稀土、硅钛铈矿、硼硅铈矿、磷钇矿、氟碳钙石、兴安石、褐帘石；铁矿物主要为赤铁矿，少量磁铁矿和褐铁矿。脉石矿物主要有霓石-霓辉石、镁钠铁闪石、黑云母、石英、长石等。铌矿物种类多，可选性质变化大，嵌布粒度微细，属极难选矿石。

（4）碱性岩、火成碳酸岩铌矿石。矿石以铌为主，伴生锆、铁、磷等，品位为 Nb_2O_5：0.08%~3%。铌矿物为烧绿石，锆矿物为锆石；其他金属氧化矿物有磁铁矿、赤铁矿等；脉石矿物主要为钠长石、霞石，其次为钾微斜长石、黑云母、钠沸石、方解石等。该类型矿石中矿物结晶完整，嵌布粒度适中，可选性较好。典型矿山：湖北庙亚。

（5）碱性岩、火成碳酸岩风化壳铌矿石。残坡积土含 Nb_2O_5：0.2%~3%、P_2O_5：2%~10%、TFe：10%~35%、稀土总量：0.2%~1%。矿物成分主要为烧绿石、磷灰石、磁铁矿、赤铁矿、褐铁矿，常含少量黄铁矿、锆石、斜锆石等矿物。脉石矿物为石英和大量纤磷钙铝石~土状赤铁矿黏土，呈赤红色，亦称赭土。该类型矿石含泥量大，并且矿物表面被含铁的赭土包裹粘连，影响分选效果。典型矿山：非洲乌干达铌多金属矿。

（6）含钽铌砂矿。大多数为残坡积砂矿，可露天开采。品位：钽铌矿物20~50g/m³。主要钽、铌矿物为钽铌铁矿，伴生锡石、金红石、锆、独居石、磷钇矿等，脉石矿物主要为石英、高岭土等。属于易采易选的矿石类型。

（7）含铌砂矿。为碱性花岗岩的残坡积或冲积砂矿，大多可露天开采。品位为铌矿物：100~150g/m³。主要铌矿物为褐钇铌矿、黑稀金矿、复稀金矿等，伴生金红石、铌铁金红石、锆石、独居石、磷钇矿、钛铁矿等。脉石矿物主要为钠铁闪石、长石、石英等。铌矿物复杂，为易采难选矿。

3.1.2 选矿工艺概述

钽铌矿的特点为原矿钽铌品位低，钽铌矿物种类多，嵌布粒度粗细不均。目前钽铌矿的选矿一般先采用重选丢弃部分脉石矿物，获得低品位混合粗精矿，由于混合粗精矿的矿物组成复杂，一般含有多种有用矿物，分选难度大，所以通常采用多种选矿方法，如重选、浮选、电磁选或选冶联合工艺进行精选，使多种有用矿物分离。

处理风化矿或含泥量多的钽铌矿石，洗矿作业必不可少。同时国外选厂也常常通过增加原矿的磨矿分级来降低钽铌矿的泥化，粗选以重选为主，并采用高效的重选设备，流程简单。

国内已开采的钽铌矿主要为伟晶岩型和碱性长石花岗岩型，钽铌品位较低，钽铌矿物性脆，但与脉石矿物密度差较大，因此国内选厂多采用重选作为粗选工艺。为保证磨矿粒度，同时避免过粉碎，一般采用阶段磨矿、阶段选别的流程。粗选获得的粗精矿为混合精矿，需进一步精选，分离出多种有用矿物。粗精矿的组成不同，采用的分离方法也不同，精选一般采用多种方法联合的流程，如福建南平钽铌矿精选采用的磁-重-浮流程。

对于以烧绿石族矿物为主的钽铌矿，多采用浮选流程回收。此外，对于部分钽铌矿物嵌布粒度微细的矿石，浮选也常常作为重选的辅助流程。钽铌矿的浮选目前常用的捕收剂有油酸类、羟肟酸类、肿酸类、羟肟酸胺类等。随着难选钽铌资源的开发利用，将会加大对捕收能力强、选择性好、无毒、价格低廉的新型钽铌选矿药剂的需求。新型钽铌浮选药剂的研制及其与钽铌矿物的作用机理，对钽铌矿物浮选效果的影响将是钽铌浮选研究的一个重要方向。

3.2　原矿洗矿及预选工艺

3.2.1　原矿洗矿

钽铌矿开采过程中，一般会产生原生矿泥，尤其风化和半风化矿含泥量更多，生产实践表明，原矿在破碎作业进行洗矿是非常有必要的。洗矿可以保证破碎、输送、储矿及放矿设备的正常工作，有利于提高手选效率，可碎散含矿泥团，防止原生泥中单体钽铌矿物泥化。我国宜春钽铌矿矿体上部矿石，含大量表土矿和半风化矿，粉矿含量高达30%，生产初期，未洗矿，严重影响了生产的正常运转。为此，选厂经技术改造，增设了洗矿作业。洗矿采用阶梯式多层次洗矿工艺，即在粗碎前用振动给矿筛分机对原矿洗矿，筛上喷水，该设备为我国研制，并首次在宜春矿应用，具有粗碎机给矿（粒度小于800mm）、预先筛分和洗矿多种功能。

洗出的筛下产物再用重型筛，单轴筛及高频筛脱除-0.2mm原生泥，脱泥率高达88%以上，原生泥采用旋转螺旋溜槽—摇床单独处理。流程中最终用高频筛脱除-0.2mm原生泥的最佳方案可保证原矿中已经解离的粗粒钽铌矿物比较充分地进入原生泥中，使其早选早收。

栗木水溪庙选厂对粗碎后的矿石用脱水条筛、振动筛及螺旋分级机洗矿脱泥，原生泥与磨矿产品合并入选，洗后大块矿石手选废石。横山钽铌矿原矿受风化作用较疏松，矿石粗碎后用振动筛洗矿，筛下（-1mm）细粒产物直接进入主流程粗选作业处理，以防原矿中单体钽铌矿物因入磨而泥化。

南平钽铌矿选厂生产初期因洗矿作业不完善，矿石含泥较多，造成三段短头圆锥破碎机排矿不畅，堵塞严重，无法正常生产。该矿按图3-1所示流程对洗矿作业进行改造，取得了较好效果。原生矿泥粒度为-0.2mm，单独进行粗选。

格林布什矿风化伟晶岩冲积黏土粗选厂设有两个洗矿系统，原矿用直径1.5m、孔径10mm的圆筒筛两次洗矿后，筛下入选。筛上方块及黏土球进自磨机

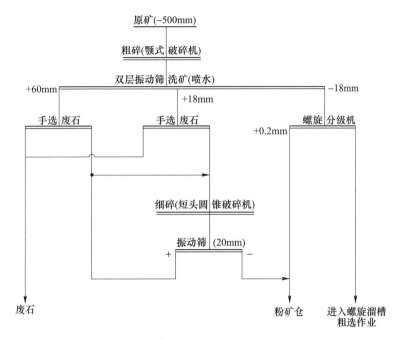

图 3-1　南平钽铌矿破碎、洗矿、手选工艺流程

磨矿约 4min，再用孔径 10mm 的圆筒筛筛分，筛下物料入选，筛上物料丢弃或返回再磨。洗矿耗水每吨矿石为 $5m^3$，1 台圆筒洗矿筛处理量为 350t/h。国内外用水枪开采风化壳，冲积砂矿矿石时，大都采用圆筒筛洗矿，以碎解泥团，并除掉大块废石。

3.2.2　原矿预选工艺

　　根据钽铌矿石性质进行预选，可减少入选矿石量，提高入选矿石的品位，降低选矿成本，并改善选别作业条件。钽铌矿选矿生产实践中，预选有手选和筛选两种方式。

　　手选是根据钽铌矿石或矿物与围岩、夹石或脉石矿物间外观特征（颜色、光泽、晶型等）上的差异，进行人工拣选的一种方法。拣出的为围岩、夹石和废石，称为反手选；直接拣出块状精矿称为正手选。手选矿石的粒度一般较大，含泥多需洗矿。我国的栗木水溪庙选厂，可可托海选矿厂、阿勒泰选矿厂、横山矿选厂都有反手选作业，手选废石率约为 4%~6%。有的伟晶岩类型矿石，个别钽铌矿物粒度粗大，可直接人工拣出作为精矿，如可可托海选矿厂和非洲刚果（金）当地的手检精矿。

　　南平钽铌矿原矿反手选工艺在国内外钽铌矿选厂中是最完善和规范的。该矿属花岗伟晶岩矿床，井下开采含钽铌矿石呈白色，而围岩和夹石则为深暗色不含钽铌矿物的变质岩。在采矿时，暗色围岩不可避免有少量混入矿石中，暗色围岩进入选别流程将影响长石粉的产品质量（白度变低，下游陶瓷产品有斑点），反手选主要目的是拣出块矿暗色围岩和夹石。通过对两个粒级手选，废石选出率为 2%~3%，钽金属损失小于 1%。

筛选法常用于风化壳矿、冲积砂矿和老尾矿的预选作业。采出的矿石用圆筒筛或振动筛等洗矿并碎散泥团，筛上物为不含矿的卵石或废石予以丢掉。筛孔尺寸依据给矿粒度，钽铌矿物最大单体粒度及选别设备类型确定，圆筒筛筛孔多为 4~10mm，振动筛筛孔为 1~2mm。我国泰美钽铌矿 521 粗选厂处理含铌铁矿花岗岩风化壳矿石。水采原矿先经三段筛分；第一段圆筒筛筛孔 6mm。筛下进第二段振动筛，筛孔 1mm，第三段斜面筛。分离粒度 0.5mm（该矿铌铁矿粒度小于 1mm）。三段筛分筛上物总产率占原矿 50% 以上，主要为风化后的石英砂，可直接作为低品位尾矿丢掉，使入选矿石品位提高 50%~60%。澳大利亚格林布什矿风化伟晶岩黏土粗选厂用孔径 10mm 的圆筒筛丢弃筛上废石。该矿尾矿选矿车间用筛孔 4mm 的筛分设备丢掉筛上贫矿。钽铌冲积砂矿矿石钽铌矿物解离度高，含泥少，但常含有大量卵石和粗粒石英砂等脉石矿物，入选前用筛分设备脱除粗粒大块脉石矿物合理而必要。

3.3　重选段工艺及设备

重选是根据矿物密度不同而分离矿物的选矿方法，由于钽铌矿物与石英长石等脉石矿物的密度差较大，故重选是钽铌的主要选矿方法之一。目前，国内外大多数选矿厂都采用了重选流程，大部分的钽铌铁（锰）矿粗精矿是采用重选获得的。同其他选矿方法相比，重选过程具有成本低、利于环保的优点，尤其是随着高效率、高处理能力重选设备的研制和自动化控制技术的发展，重选已成为大部分钽铌矿的首选方法。

利用重选法对物料进行分选，最重要的因素是轻、重矿物的密度差异，其分选的难易程度可简易地用待分离物料的密度差判定：

$$E = \frac{\delta_2 - \rho}{\delta_1 - \rho}$$

式中　E——重选可选性判断准则；

　　　δ_2——重矿物密度；

　　　δ_1——轻矿物密度；

　　　ρ——介质密度。

通常按比值 E 可将物料重选的可选性划分为 5 个等级，如表 3-1 所示。钽铌矿物（除烧绿石外）的密度通常在 4500kg/m³ 以上，而脉石矿物的密度一般为 2700kg/m³，按比重分选矿物的难易度 E 值大于 2.0，因此可用重选方法分选钽铌矿。

表 3-1 物料按密度分难易程度

E	>2.5	2.5~1.75	1.75~1.5	1.5~1.25	<1.25
重选难易程度	极易选	易选	可选	难选	极难选

钽铌的重选段主要包括准备作业和选别作业，准备作业主要包括：为使矿物解离而进行的破碎磨矿，矿石的洗矿及脱泥，采用筛分或水力分级方法对入选原料按粒度分级，然后入选。选别作业是分选矿物的主体环节，多数的流程结构比较复杂，主要是因为重选的工艺方法较多，不同粒级的矿石应选用不同的工艺设备处理、同样类型的设备在处理不同粒度给料时应选用不同的操作条件以及多数重选设备的富集比或抛尾能力不高，需要多次选别才能获得最终产品。钽铌重选段的流程构成与矿石性质、分选作业任务及生产规模的大小有关。

大部分钽铌矿石的粗选以重选为主，重选效率的高低决定选别效果，钽铌矿的重选流程的设置应特别考虑以下两个方面：（1）阶段磨矿、阶段分级选别是必要的；（2）粒度相近的不同物料是否可合并处理。在磨矿重选过程中，很多选矿厂会将粒度相近的物料合并处理，其中最常见的一种做法是，一段选别流程的溢流与二段磨矿的排矿合并再经过脱泥作业，其沉砂再进入重选流程。钽铌重选，特别是细粒嵌布钽铌矿物的重选，矿泥对选别的影响是一个值得关注的问题，流程的设置一定要考虑将粒度相近而性质不同的物料进行合并处理来简化流程这一做法的合理性。

3.3.1 磨矿工艺

钽铌的磨矿工艺必须满足下述条件：

（1）满足钽铌选矿厂生产能力的需要。

（2）达到将钽铌矿石磨至需要的合适细度。当钽铌矿物的嵌布粒度较粗时，一次磨矿就能将矿石磨至合适的细度，使钽铌矿物基本解离，这时设计宜采用一段磨矿流程。当有用矿物的嵌布粒度较细时，一次磨矿难于将矿石磨至所需要的细度，就必须设计两段或多段磨矿流程。

（3）满足阶段磨矿、阶段分级选别的需要。如果钽铌矿物的嵌布粒度范围较宽，即粒度呈粗细不均匀嵌布，即使一次磨矿能达到所需要的细度，使钽铌矿物基本解离完全，但先解离的粗粒钽铌矿物则很容易被磨到过粉碎，难以回收。为了减轻钽铌矿物的过粉碎现象，减少钽铌流失，可考虑采用阶段磨矿、阶段选别流程，即一段磨矿首先将矿石磨至某一细度（较粗），使粗粒有用矿物率先解离出来，接着进行选别回收。选别后的尾矿进入第二段磨矿机再磨至所需要的合理细度，使有用矿物基本解离完全，然后再一次进行选别回收。

3.3.1.1 一段磨矿流程

一段磨矿流程一般适用于钽铌矿物以粗粒嵌布为主，并且嵌布粒度比较均匀的钽铌矿石。该磨矿流程的优点是流程简单、设备少、容易管理；缺点是部分粗粒的钽铌矿物易过粉碎，而部分细粒嵌布的钽铌矿物又解离程度不足。加拿大伯尼克湖矿（Bernic Lake Mine）是采用的一段磨矿流程，其磨矿选别流程如图3-2所示。该选厂采用了三段闭路破碎，一段闭路磨矿的重选-浮选流程。原矿（330mm）

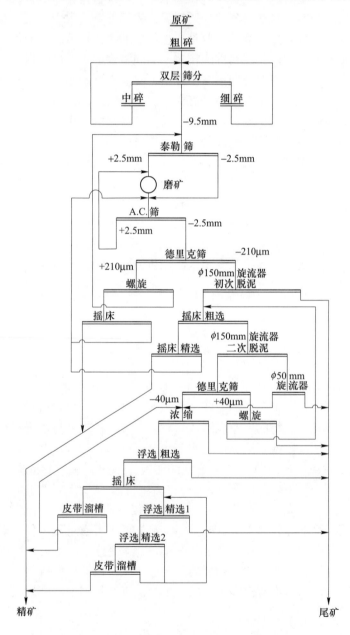

图 3-2　加拿大伯尼克湖钽铌矿磨矿选别流程

经三段闭路破碎至-9.5mm，给入2.5mm的泰勒筛，筛上物料进入球磨机，球磨机排矿与A.C.筛和德瑞克筛构成闭路。小于2.5mm的物料过210μm的德瑞克筛后，+210μm物料经过螺旋选矿机和摇床精选后得到精矿，螺旋尾矿中大于300μm的物料则返回球磨机。该磨矿筛分分级回路中设置了粗粒级选别作业（螺旋选矿机），构成了独特的大闭路磨矿工艺，从而实现了一段磨矿（一台磨机）阶段选别的效果。采用两次筛分分级，控制了入选粒度上限（-2.5mm），保证了最终丢尾的合理粒度。而-210μm的物料则经过初次脱泥后脱除20μm以下的细泥后经过摇床和皮带溜槽后得到精矿，摇床中矿则经过二次脱泥后给入40μm的德瑞克筛，筛上物料进入扫选螺旋回路，筛下物料则进入浮选回路。在该流程中，螺旋尾矿中大于300μm的物料再返回球磨机磨矿（磨机负荷率为180%左右），摇床精选尾矿这一部分的产率较小而未设置单独的再磨再选。

3.3.1.2 两段磨矿流程

江西宜春钽铌矿、福建南平钽铌矿及广西栗木老虎头等选矿厂采用两段磨矿流程，其中福建南平钽铌矿两段磨矿重选原则流程如图3-3所示。该流程一段磨矿采用φ2100mm×3000mm棒磨机和GYX31-1007高频细筛构成的闭路，磨矿粒度为-0.7mm。高频细筛的筛下物料进入螺旋分级机，其中返砂进入粗粒级重选；粗粒级重选的尾矿则进入第二段闭路磨矿，该闭路是由φ2100mm×2200mm的球磨机和高频振动筛构成的，其筛下产物与一段磨矿产出的细粒级（螺旋分级机溢

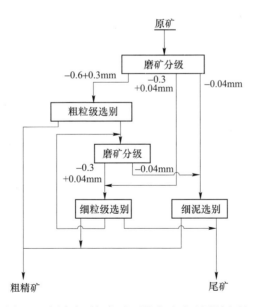

图3-3 福建南平钽铌矿两段磨矿重选原则流程

流）合并进入 ϕ 250mm 水力旋流器脱泥，旋流器沉砂进入细粒级选别。是我国钽铌矿山唯一一座两段磨矿都采用高频细筛进行闭路的选厂，所获得的产品粒度较好地满足选别工艺的要求。由于采用了阶段磨矿、阶段选别的工艺，通过两段磨矿，钽铌矿物已基本单体解离，过粉碎现象也不严重。该工艺适用于钽铌矿物呈粗、细不均匀嵌布的矿石。江西宜春钽铌矿同样采用了两段磨矿，两段重选的工艺，第一段磨矿为 ϕ 2100mm×3000mm 棒磨机与高频振动筛构成的闭路，其磨矿合格产品（−0.5mm）进入螺旋分级机分为 −0.5+0.2mm 和 −0.2mm，其中 −0.5+0.2mm 进入第一段重选选别，其选别尾矿再进入第二段开路磨矿，将矿石磨至 −0.2mm 占85%。第二段采用 ϕ 2100mm×2200mm 球磨机开路磨矿流程的目的是为了防止锂云母难磨造成的恶性循环，但由于二段磨矿机开路磨矿条件未能有效控制，实际磨矿粒度难以达到设计指标，致使部分有用矿物未能单体解离，满足不了选别工艺的要求。

生产实践证明，磨矿段数不宜过多，一般一至两段磨矿，即能满足生产的需要。如果仍有部分中矿单体解离不充分，可把少量中矿单用小磨机再磨，或再返回适当的磨矿回路。当磨矿工艺为多段磨矿时，各段磨矿的负荷平衡也很重要。若磨机处理能力与给矿量相差较大，将会大大降低磨矿效率。

钽铌选矿厂第一段磨矿常采用棒磨机，目的是减少钽铌矿物的过粉碎。棒磨机的给矿粒度一般为 25~30mm，过大会使钢棒歪斜，运转时会造成钢棒歪曲和折断。同时矿块过大会使棒与棒之间有较大的间隙，不易磨到细粒，造成磨矿效率降低。矿石是由钢棒下落时的"线接触"被压碎和磨碎的，大块没碎之前，细粒很少受到棒的冲压，因而过粉碎现象情况少，产品粒度较均匀，一般为 1~3mm。因此棒磨机适合在第一段磨矿中用于钽铌矿的粗磨，特别是钽铌矿物属于脆性易过粉碎易泥化的物料。

棒磨机的性能与磨机本身的技术参数有关，比如磨机的介质充填率和磨机的转速等。关于磨机的转速问题，国内外学者对此的观点并不相同，东北大学陈炳辰教授认为，转速率应该在 76%~84% 之间，合适的转速率范围应为 80%~82%。国内目前生产的棒磨机的转速、临界转速及转速率列于表3-2中。由表3-2可知，目前国产的棒磨机的转速率略低。江西宜春钽铌选矿厂对其第一段磨矿使用的 ϕ2100mm×3000mm 棒磨机进行调整，转速由原来的 20.9r/min 提高到了 23r/min，从而提高了棒磨机的处理能力。类似的改造也发生在其他类型的选厂中，如江西荡坪钨矿对两台 ϕ900mm×2400mm 棒磨机进行了改造，转速由原来的 34r/min 提高至 38r/min，改造后棒磨机的处理量较改造前增加了近一倍。

另外，由于钽铌矿物性脆易碎，为了减少钽铌矿物过粉碎，对磨矿浓度也有一定的要求，一般宜采用相对较低的磨矿浓度，最低可控制在 45%~50% 范围。宜春钽铌矿的生产实践表明，过高的磨矿浓度，有时会造成钽铌精矿的回收率下降 2%~4%，可见其影响之大。

表 3-2 国产棒磨机的转速率

棒磨机直径/m	实际转速/r·min⁻¹	临界转速/r·min⁻¹	转速率/%
0.9	34	—	—
1.5	26	35.7	72.7
2.1	20.9	29.9	69.8
2.7	18	26.2	68.6
3.2	16	24	74
3.6	14.7	22.6	70

采用闭路磨矿时，与其配套的筛分设备也是影响钽铌过粉碎的原因。筛分设备控制要点是筛上物料中-0.074mm 的含量，其过高的产率必然会造成钽铌矿物过粉碎。一般可采用筛面增加淋洗水的方法来进行控制。

采用二段磨矿作业时，对二段磨矿介质的尺寸大小进行控制，也是提高磨矿效率，减少过粉碎的有效手段。宜春钽铌矿采用 $\phi40mm \times 45mm \times 35mm$ 钢段，取代原 $\phi60mm$ 钢球作为二段磨矿介质，工业试验表明，有效入选粒级-0.2mm+0.03mm 金属量增加 4.5% 以上，提高了磨矿过程矿物单体解离度并改善了磨矿产品的质量。

3.3.2 跳汰选别

跳汰分选是指在垂直交变介质流（通常是水或空气）中按密度分选固体物料的重力选矿过程。跳汰分选是处理密度差较大的粗、中粒级固体物料最有效方法之一，它的工艺简单，设备处理能力大，占地面积小，分选效率高，可经一次选别得到最终产品（成品产物或抛弃产物），广泛应用于钨、锡和钽铌等金属矿石和煤的选矿。

跳汰是钽铌选矿常用的设备之一，主要被用以钽铌的预富集或直接抛尾。表 3-3 列出了几个应用跳汰作业的钽铌矿选别实例。其中栗木锡-钽铌选厂和里松褐钇铌风化矿（参见图 3-4）均采用跳汰作为钽铌预富集的手段，即磨机排矿首先经过跳汰机的选别，跳汰精矿再进入螺旋溜槽和摇床精选获得粗精矿，跳汰尾矿则经过分级（或磨矿分级）后进行摇床选别。该工艺优点在于，若磨机排矿不经跳汰机选别，而是分级后直接给入摇床（螺旋溜槽）选别，则粗粒级的钽铌易受到横向水流（离心力）的作用，进入中矿而进入（返回）磨机再磨，势必会造成过粉碎，最终有一部分钽铌损失于尾矿中。故磨机排矿先经跳汰预先富集，再对其精矿和尾矿分别进行摇床（螺旋溜槽）分选的流程某种程度上可以提高钽铌重选段的回收率。另外，跳汰作业可被用于直接抛尾，对于非洲某钽铌

表 3-3　几个应用跳汰作业的钽铌矿选别实例

实例	跳汰机型	跳汰作业回收率/%		目　的
		Ta_2O_5	Nb_2O_5	
栗木锡-钽铌选厂	反差锯齿波跳汰机	50.02	47.07	预先富集，将原矿分为贫富两个系统后分别处理
里松褐钇铌风化矿	梯形隔膜跳汰机	—	80	预先富集（第一段）直接抛尾（第二段）
非洲某钽铌砂矿	—	93.10	93.71	直接抛尾

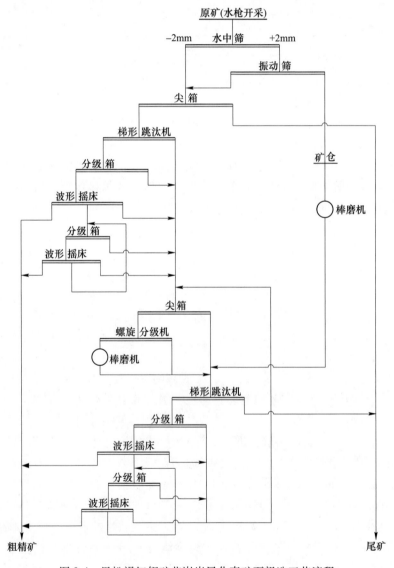

图 3-4　里松褐钇铌矿花岗岩风化壳矿石粗选工艺流程

砂矿，采用跳汰选别可抛除作业产率达 93.53% 的尾矿，且跳汰精矿的钽、铌作业回收率分别达 93.70%、94.31%。里松褐钇铌风化矿第二段选别也采用了跳汰抛尾作业，第二段棒磨机的排矿进入 8 台梯形跳汰机直接丢尾矿，可减少 90 台摇床的建设费。

跳汰分选是靠水流在跳汰室内的脉动运动，物料给到跳汰室筛板上，形成一个比较密集的物料层，称为床层。水流上升时床层被推动松散，使颗粒获得发生相对位移的空间条件，水流下降时床层又恢复紧密。经过床层的反复松散和紧密，高密度颗粒转入下层，低密度颗粒进入上层。上层的低密度物料被水平流动的介质带到设备之外，形成低密度产物；下层的高密度物料或是透过筛板，或者是通过特殊排料装置排出形成高密度产物。

图 3-5 所示为简单隔膜跳汰机结构。利用偏心连杆机构或凸轮杠杆机构推动橡胶隔膜往复运动，从而迫使水流在跳汰室内产生脉动运动。隔膜跳汰机在生产中应用最多，根据隔膜所在位置的不同划分为下动型圆锥隔膜跳汰机、上（旁）动型隔膜跳汰机、侧动型隔膜跳汰机、复振跳汰机和圆形跳汰机等。表 3-4 为几种常见隔膜跳汰机适宜的分选粒度和应用特点。

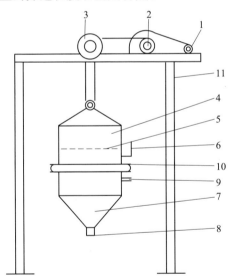

图 3-5　JS 型动筛式隔膜跳汰机构造示意图

1—电动机；2—变速机构；3—偏心连杆机构；4—上箱体；5—筛面；6—筛上精矿排矿装置；
7—下箱体；8—筛下精矿排矿装置；9—筛下水进水管；10—橡皮隔膜；11—机架

在钽铌的跳汰选别中，跳汰机的类型对钽铌的回收有重要的影响。平桂矿务局曾对里松褐钇铌风化矿进行了不同跳汰设备的对比试验，三种跳汰设备的选别技术指标见表 3-5，其中梯形跳汰机与下动型跳汰机的粒级回收率对比见表 3-6。从表 3-5 和表 3-6 可知，三种跳汰机的选别技术指标差异较大，其中梯形跳汰机

表 3-4　几种常见隔膜跳汰机适宜的分选粒度及应用特点

设备类型	分选粒度/mm	应 用 特 点
上（旁）动隔膜跳汰机	12~0.1	仅有 300mm×450mm 规格，总跳汰筛网面积 0.27m², 用于粗选和精选，富集比较高，冲程系数大，床层松散效果好
侧动隔膜矩形跳汰机	12~0.1	配置灵活，单列、双列、串联均可
复振跳汰机	12~0.1	隔膜置筛网下面减少占地面积，下部锥体运动，下部排矿顺利
圆形跳汰机（锯齿波跳汰机）	6~0.1	跳汰室总面积大，生产能力大，给矿端宽度小，排尾端宽度大，利于细粒回收，锯齿形跳汰曲线，大型采金船粗选作业应用较多，但给矿不易均匀
广东 I 型跳汰机	6~0.1	隔膜置两个跳汰室中间，属侧动内隔膜，甲型用于粗选，乙型用于粗精选，丙型用于精选，适于低品位砂矿，但设备检修，更换部件不便
梯形跳汰机	5~0.074	给矿端窄，排尾端宽，利于细粒回收
矩形大粒跳汰	50~10	处理量大，自然床层，筛上、筛下联合排放精矿，分选精度差不如重介质选

表 3-5　三种跳汰机技术指标对比

指标项目　　　　机型	1200×2000×3600 梯形跳汰机	1000×1000 下动式隔膜跳汰机	广东 I 型—甲跳汰机
筛网面积/m²	5.76	2.29	11.67
机器重量/t	3.63	1.87	9.5
机器总高/m	2.30	2.64	3.6
给矿槽至精矿口的高差/m	1.97	2.14	2.7
电动机功率/kW	2.2	1.7	6.6
耗水量/立方米·（台·时）⁻¹	40	25	67
吨矿石耗水量/m³	2.5	3.2	4.5
处理量/吨·（台·时）⁻¹	16.2	7.7	15
每平米筛面处理量/t·h⁻¹	2.8	3.3	1.3
作业回收率/%	80	73	78.4
选矿效率/%	62.2	53.9	64.2
富集比	4.6	4.0	5.5
冲次/次·分⁻¹	110~350	220~350	170~300
冲程/mm	0~50	0~25	0~12
选别粒度下限/mm	0.053	0.074	0.10

的分选效果最好，更有利于细粒级重矿物的选别回收。另外梯形跳汰机各跳汰室的冲程冲次可调节，能够较好地适应矿石性质的变化。因此在钽铌选别中，跳汰机的选用应基于选别物料的特性（密度、粒度组成、有用矿物单体解离度和作业性质），兼顾其技术性能，如处理能力和耗水量等；所选跳汰机的分选性能、适

应性和可靠性应通过试验来验证。

表 3-6　梯形跳汰机与下动型跳汰机的粒级回收率对比

粒级/mm	项目	粒级回收率/%	各室的粒级回收率/%				两机的差值
		全机	一室	二室	三室	四室	
+0.83	梯形	61.0	54.0	4.9	1.6	0.5	9.2
	下动型	51.8	47.2	4.6	—	—	
0.83~0.25	梯形	92.0	86.0	3.6	2.7	0.7	0.1
	下动型	91.9	83.1	8.8	—	—	
0.25~0.15	梯形	93.4	82.4	8.3	2.1	0.6	1.2
	下动型	92.2	74.8	17.4	—	—	
0.15~0.074	梯形	90.4	48.7	24.2	12.9	4.6	9.9
	下动型	80.5	41.5	39.0	—	—	
0.074~0.053	梯形	57.6	15.8	11.3	14.4	10.1	23.7
	下动型	21.9	12.3	15.6	—	—	
0.053~0.037	梯形	21.0	5.8	5.5	5.9	3.8	13.1
	下动型	7.9	3.2	4.7	—	—	
-0.037	梯形	9.8	3.3	2.7	1.7	2.1	4.9
	下动型	4.9	1.8	3.1	—	—	

　　跳汰选别的效率除与跳汰设备本身的结构形式和给料特性（密度、粒度组成、有用矿物单体解离度和作业性质）有关外，还与冲程、冲次、给矿水、筛下补加水、床层厚度、人工床层组成等工艺因素有直接的关系。

　　（1）冲程和冲次。冲程和冲次直接关系到床层的松散度和松散形式，对跳汰分选指标有着决定性的影响。需要根据处理物料的性质和床层厚度来确定，其原则是：1）床层厚、处理量大时，应增大冲程，相应地降低冲次；2）处理粗粒级物料时采用大冲程、低冲次，而处理细粒级物料时则采用小冲程高冲次。过分提高冲次会使床层来不及松散扩展，而变得比较紧密，冲次特别高时，甚至会使床层像活塞一样呈整体上升、整体下降，导致跳汰分选指标急剧下降。所以隔膜跳汰机的冲次变化范围一般为 150~360r/min。冲程过小，床层不能充分松散，高密度粗颗粒得不到向底层转移的适宜空间。冲程过大，又会使床层松散度太高，颗粒的粒度和形状将明显干扰按密度分层，当选别宽级别物料时，高密度细颗粒会大量损失于低密度产物中。具体物料适宜的跳汰冲程通常需要通过试验来确定。

　　（2）给矿水和筛下补加水。给矿水和筛下补加水之和为跳汰分选的总耗水量。给矿水主要用来湿润给料，并使之有适当的流动性，给料中固体质量分数一般为

30%~50%，并应保持稳定。筛下补加水是操作中调整床层松散度的主要手段，处理窄级别物料时筛下补加水可大些，以提高物料的分层速度。处理宽级别物料时，则应小些，以增加吸入作用。跳汰分选每吨物料的总耗水量通常为 $3.5 \sim 8 m^3$。

（3）床层厚度和人工床层。跳汰机内的床层厚度（包括人工床层）是指筛板到溢流堰的高度。适宜的跳汰床层厚度由采用的跳汰机类型、给料中欲分开组分的密度差和给料粒度等因素决定。用隔膜跳汰机处理中等粒度或细粒物料时，床层总厚度不应小于给料最大粒度的5~10倍，一般在120~300mm。处理粗粒物料时，床层厚度可达500mm。另外，给料中欲分开组分的密度差大时，床层可适当薄些，以增加分层速度，提高设备的生产能力；欲分开组分的密度差小时，床层可厚些，以提高高密度产物的质量。但床层越厚，设备的生产能力越低。人工床层是控制透筛排料速度和排出的高密度产物质量的主要手段。生产中要求人工床层一定要保持在床层的底层，为此用作人工床层的物料，其粒度应为筛孔尺寸的2~3倍，并比入选物料的最大粒度大3~6倍；其密度以接近或略大于高密度产物的为宜。生产中常采用给料中的高密度粗颗粒作人工床层。分选细粒物料时，人工床层的铺设厚度一般为10~50mm，分选稍粗一些的物料时可达100mm。人工床层的密度越高、粒度越小、铺设厚度越大，高密度产物的产率就越小，回收率也越低，但密度却越高。

3.3.3　螺旋选矿设备

螺旋选矿设备是一种高效的重力选矿设备，其制造材料由最初的铸铁、废旧汽车轮胎，发展到现在的玻璃钢、尼龙等材料。自1941年由美国Humphreys发明以来，已在全世界广泛应用，而我国从20世纪60年代初才开始对螺旋选矿设备进行研究。螺旋选矿设备包括螺旋选矿机和螺旋溜槽，两种设备选别原理相同，设备结构亦相似，如图3-6所示，其主要区别在于螺旋槽的横截面形状不同。螺旋选矿机的螺旋槽横截面为近似椭圆形，适于选别粒度较粗的矿石，一般选别粒度范围为0.074~2mm。螺旋溜槽的螺旋槽横截面为立方抛物线形，槽底较宽较为平缓，适于选别粒度较细的矿石和矿泥，一般选别粒度范围为0.02~0.5mm。目前螺旋溜槽应用较多一些。有的螺旋选矿机在螺旋槽的内缘开有精矿排出孔，沿垂直轴设置精矿排出管，有的还有补加水，而螺旋溜槽的分选产物都从螺旋槽底端排出。此外，部分螺旋选矿设备厂家为了提高细粒级物料的回收率，将摇床床面的设计理念应用于螺旋槽面的改进。

螺旋选矿设备因功耗低，结构简单，占地面积少，操作简易，选矿稳定，分矿清晰，无运动部件，便于维护管理，单位面积处理量大，处理粒级较宽等特点，广泛用于中细粒级（0.02~2mm）钽铌、钨、锡、钛等矿石的选矿，特别是在粗细分流、阶段分选、中矿再磨、联合选别新工艺流程中发挥了重要的作用。

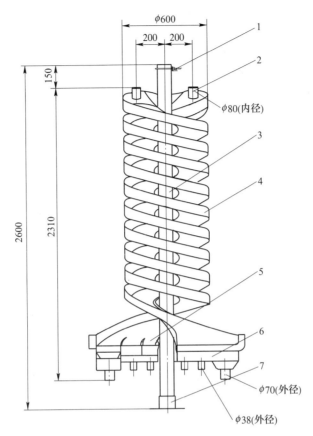

图 3-6 GL 螺旋溜槽外形结构图

1—螺旋 U 形固定器；2—给矿斗；3—中心承重管；4—螺旋分选槽；
5—截矿器；6—接矿斗；7—螺旋下支撑座

螺旋选矿设备是钽铌选厂中最常用的重选设备之一，常与摇床配合使用，用于中细粒级（0.02~2mm）的物料的重选粗选，其粗精矿再采用摇床精选，克服使用摇床粗选的缺点，如单位占地面积处理量低，水、电消耗大和给矿分级要求高。

广西栗木钽铌-锡矿和宜春钽铌矿曾比较了螺旋溜槽粗选（或扫选）-摇床精选和单一摇床选别的技术指标和经济指标，试验认为采用螺旋溜槽粗选（或扫选）-摇床精选的方案可达到单一摇床选别的技术指标，而且可大大提高单位面积处理能力，降低动力的消耗，因此两厂均决定将原单一摇床选别流程改造为螺旋溜槽粗选（或扫选）-摇床精选流程。改造后的流程经过长期试运转，其生产稳定，选别指标良好。其中广西栗木钽铌锡矿贫矿选矿系统的两种流程的对比试验结果如表 3-7 所示。

表 3-7　栗木钽铌锡矿贫矿选矿系统溜槽粗扫选-摇床精选与单一摇床选别流程试验结果

流程	单一摇床选别	螺旋溜槽粗选（或扫选）-摇床精选
流程特征	贫矿选矿系统 $\phi500mm$ 水力旋流器的沉砂经三室分级箱分级后，分别进摇床处理，共使用摇床 28 台	采用扇形溜槽粗选、螺旋溜槽扫选和摇床精选的流程代替原单一摇床流程
技术指标	—	最终精矿（Ta,Nb）$_2$O$_5$ 富集比 42，Sn 富集比 80；该流程与单一摇床流程比较，而钽铌矿物在尾矿中的损失减少 5%，锡的回收率相差无几
经济指标	分级箱第一室沉砂用 10 台摇床选别，占地面积大，水电消耗量大	该流程分级箱第一室沉砂经扇形溜槽（1 台）粗选、螺旋溜槽（1 台）扫选和摇床（2 台）精选，大大减少设备占地面积和水电消耗量
设备参数	—	扇形溜槽系选矿厂自行设计，规格 1100mm×（300~500）mm×（50~60）mm，槽数 4，两侧夹角 33°，安装坡度 15°~16°。螺旋溜槽是宁德玻璃钢厂制造的，材料为玻璃钢，规格 $\phi1200mm$，圈数 5，螺距 720mm。摇床为贵阳 CC-2 型刻槽摇床

螺旋选矿设备是利用重力、摩擦力、离心力和水流的综合作用，使矿粒按比重、粒度、形状分离的一种斜槽选矿设备。离心力的存在，强化了分选过程，使螺旋溜槽比一般溜槽优越得多。从上端给入的矿浆沿溜槽作"复合螺旋线"运动，其切向分运动对矿石起输送、松散、分层和分带作用，而径向分运动（二次环流）则有利于加速分带、降低尾矿品位和提高回收率。因此影响螺旋选矿设备选别指标的结构因素主要有以下 4 个方面：

（1）螺旋直径 D。螺旋直径是螺旋选矿机和螺旋溜槽的基本参数，它既代表设备的规格，也决定了其他结构参数。研究表明，处理 1~2mm 的粗粒物料时，以采用 $\phi1000mm$ 或 $\phi1200mm$ 以上的大直径螺旋为有效；处理 0.5mm 以下的细粒物料时，则应采用较小直径的螺旋。在选别 0.074~1mm 的物料时，采用直径为 $\phi500mm$，$\phi750mm$ 和 $\phi1000mm$ 的螺旋溜槽均可收到较好的效果。

（2）螺距 h。螺距决定了螺旋槽的纵向倾角，因此它直接影响矿浆在槽内的纵向流动速度和流层厚度。一般来说处理细粒物料的螺距要比处理粗粒物料的小些。工业生产中使用的设备的螺距与直径之比（h/D）为 0.4~0.8。

（3）螺旋槽横断面形状。用于处理 2~0.2mm 物料的螺旋选矿机，螺旋槽的内表面常采用长轴与短轴之比为 2:1~4:1 的椭圆形，给料粒度粗时用小比值，给料粒度细时用大比值。用于处理 0.2mm 以下物料的螺旋溜槽的螺旋槽内表面常呈立方抛物线形，由于槽底的形状比较平缓，分选带比较宽，所以有利于细粒级物料的分选。

（4）螺旋槽圈数。处理易选物料时螺旋槽仅需要 4 圈，而处理难选物料或微细粒级物料（矿泥）时可增加到 5~6 圈或更多。

鉴于以上结构因素对螺旋选矿设备的影响，国内很多单位对螺旋设备的结构（螺旋选矿设备的直径、螺距、横断面形状、圈数）进行了改进与研制，以提高其适应性和选别效率。如广州有色金属研究院所研制的 GL 型螺旋选矿机，采用复合螺旋槽断面形状，变值螺距设计，充分利用各力场的作用和二次环流作用，使其广泛适用于中细粒钽铌、钨、锡、钛、铁等矿物的选别。某花岗岩型细晶石钽铌铁矿矿石的 GL 螺旋选矿机粗选试验结果见表 3-8。从表 3-8 的试验结果可知，GL 螺旋选矿机对粗、细两种粒级的钽铌给矿均有良好的适应性和分选效果。

表 3-8 某花岗岩型细晶石钽铌铁矿矿石的 GL 螺旋选矿机选别试验结果

给矿粒级/mm	产品	产率/%	Ta$_2$O$_5$ 品位/%	回收率/%	操作条件
−0.4+0.15 （粗砂）	精矿	10.24	0.13	68.05	给矿量为每头800kg/h、给矿浓度为33%
	中矿	22.01	0.013	14.63	
	尾矿	67.75	0.005	17.32	
	合计	100.00	0.019	100.00	
−0.15+0.04 （细砂）	精矿	14.95	0.033	50.69	给矿量为每头600kg/h、给矿浓度为25%
	中矿	17.47	0.012	21.54	
	尾矿	67.58	0.004	27.77	
	合计	100.00	0.0097	100.00	

另外，新疆冶金研究所研制了旋转螺旋溜槽，旋转螺旋溜槽与一般螺旋溜槽的区别在于旋转螺旋溜槽绕竖轴旋转，同时增加了分选断面刻槽和冲洗水的作用，产品结构发生了变化，两种溜槽的具体差异见表 3-9。相比于固定螺旋溜槽，旋转螺旋溜槽具有以下特点：

（1）旋转强化了槽面惯性离心力的作用和横向二次环流的功能，改善了矿粒在槽面上径向和切向的松散分层条件，加快了排矿速度。

（2）槽面刻槽可以减弱螺旋槽内缘区的紊流扩散状态，使轻矿物在向外缘搬运中，重矿物下沉于槽沟内，在二次环流的作用下，向内缘移动的径向速度增大，减少重矿物的损失。同时，与螺旋轴线接近于 45°的刻槽有利于矿粒的松散分层和搬运。

（3）冲洗水保持衡压和均匀，可将夹杂于径向运动中的轻矿物及时剔出，有利于提高精矿品位。

因此，相比于固定螺旋溜槽，旋转螺旋一般具有更大的富集比，同时细粒的分选效果更好。新疆可可托海钽铌选厂采用旋转螺旋溜槽一粗一扫的流程代替了原有的螺旋选矿机和摇床联合的粗选流程，二者的进行工业生产对比结果见表

3-10。由表 3-10 可知，两流程所得粗精矿品位接近，而旋转螺旋溜槽—粗—扫流程的回收率提高了 15.97%，精矿富集比达到了 31.69 倍。该厂钽铌粗选作业全部采用了旋转螺旋溜槽，全厂粗选回收率提高 13.47%，最终回收率提高 3.7%。

表 3-9　两种螺旋溜槽结构比较

设备	断面形状	传动方式	螺距/mm	直径/mm	圈数	头数	备　注
LL-1200 螺旋溜槽	立方抛物线	固定	720	1200	5	4	固定，无刻槽，无冲洗水
旋转螺旋溜槽	斜槽形	旋转	720	1200	3	3	旋转，有刻槽和冲洗水

表 3-10　工业生产粗选对比流程指标

流程	原矿品位 (Ta,Nb)$_2$O$_5$/%	粗精矿品位 (Ta,Nb)$_2$O$_5$/%	回收率 /%	富集比
螺旋-摇床	0.0218	0.747	52.88	34.27
旋转螺旋（一粗一扫）	0.0218	0.691	68.85	31.69
对比数据	0	-0.056	+15.97	—

螺旋选矿设备的选别效率除与螺旋设备本身的结构性质有关外，也与设备的操作因素有直接的关系：

（1）给矿浓度和给矿量。采用螺旋选矿机处理 2~0.2mm 的物料时，适宜的给矿浓度（固体质量分数）范围为 25%~35%；采用螺旋溜槽处理-0.2mm 粒级的物料时，粗选作业的适宜给矿浓度（固体质量分数）为 30%~40%，精选作业的适宜给矿浓度（固体质量分数）为 40%~60%。当给矿浓度适宜时，给料量在较宽的范围内波动对选别指标均无显著影响。

（2）冲洗水量。采用螺旋选矿机处理 2~0.2mm 的物料时，常在螺旋槽的内缘喷冲洗水以提高高密度产物的质量，而对回收率又没有明显的影响。1 台四头螺旋选矿机的耗水量约为 0.2~0.8L/s。在螺旋溜槽中一般不加冲洗水。

（3）产物排出方式。螺旋选矿机通过螺旋槽内侧的开孔排出高密度产物，在螺旋槽的末端排出中间产物和低密度产物；螺旋溜槽的分选产物均在螺旋槽的末端排出。

（4）给矿性质。给矿性质主要包括给矿粒度、给矿中低密度矿物和高密度矿物的密度差、颗粒形状及给矿中高密度组分的含量等。

在生产实践中，常用下式计算螺旋设备的生产能力 $G(\text{kg/h})$：

$$G = mK_K\rho_{1,av} D^2 \sqrt{d_{max}\frac{\rho_1 - 1000}{\rho_1' - 1000}}$$

式中　m——螺旋槽个数；

$\rho_{1,av}$——给矿的平均密度，kg/m^3；

ρ_1 ——给矿中高密度矿物的密度，kg/m^3；

ρ_1' ——给矿中低密度矿物的密度，kg/m^3；

D ——螺旋槽外径，m；

d_{max} ——给矿最大粒度，mm；

K_K ——矿石可选性系数，介于 0.4~0.7，处理易选矿石时取大值。

3.3.4 摇床选别

摇床是选别中、细粒级矿石应用最普遍的重选设备之一，广泛应用于钽铌、钨、锡、钛等矿石的选矿，适宜的入选粒度为 0.02~2mm。摇床的突出优点是：

（1）富集比高（可达数百倍）。

（2）经一次选别，可以得到高品位精矿和丢弃尾矿。

（3）可以同时接取多个产品。

（4）不同密度的矿物在床面上分带明显，易于接取。

摇床的缺点有：单位面积处理能力低，占用的厂房面积大，大的选厂常用来作精选设备，小的选厂可直接作粗、精选设备。

摇床是钽铌选厂最常用的重选设备之一，常用来处理-2mm 粒级的物料，一般钽铌选厂重选段的精矿多由摇床作业获得。

摇床的分选靠自身的差动往复运动来输送矿物向前运动，而轻、重矿物在差动力的作用下，向前运动的速度不同，重矿物向前运动速度快，轻矿物运动速度慢，再加上横向水流对矿粒施以水动力，使轻、重矿物在摇床面上产生不同的运动轨迹，从而将其分开。

摇床的差动运动的形成是靠床头的运动，现在生产上使用的摇床主要有偏心连杆式（也称 6S 式）和凸轮杠杆式两种。生产实践表明，处理粗粒级物料（-2+0.2mm）使用偏心连杆式摇床效果较好，而对于细粒级物料（-0.2mm）使用凸轮杠杆式摇床效果较好。

近年来，H. D. Wasmuth 等人研制的液压传动摇床，一方面液压缸的尺寸足够大，可获得很长的冲程（60mm）；另一方面，床面加速度较大时可以突然停车。液压缸装有感应式位移指示器，可连续测定活塞位置，操作人员可根据经验预先选定适合特定摇床选别过程的行程-时间模式。因此，与机械传动的摇床相比，液压传动摇床可以在高速前进时急剧减速，像后退冲程开始后的低加速一样容易达到，通过这种行程-时间模式，给料可以获得高的搬运速度，使生产能力大为提高。

摇床床面有生漆床面、橡胶床面和玻璃钢床面，床面的材料不同，与矿物颗粒运动产生的摩擦力也不同，其优点和缺点，不同选厂的反应不一。另外，江西宜春钽铌矿曾用一种自制的新型材料床面（由无机化工原料制造而成）进行钽铌选别的工业试验，试验结果证实了这种新型床面选别钽铌矿物的优势，取得了钽铌精矿-0.038mm粒级回收率达61.75%的选别指标。其原理是采用这种新型材料床面，可使其表面对钽铌矿物具有较强的静电吸附作用的同时又具有对脉石矿物较强的静电排斥作用，因而强化了微细粒钽铌矿物的分选效果。

　　摇床床面一般设有来复条或沟槽，这种来复条或沟槽的高低深浅及形状对不同粒级矿石的分选也有重要影响。由于摇床是钽铌选厂重选段最重要的设备之一，其选别效率至关重要，因此，为了提高摇床选别效率，不少科技工作者对床条的形状和布置形式进行了改进。里松褐钇铌矿把传统直条形床条改为单波形床条，经过反复的对比试验后，将工业型波形床条摇床应用于生产。普通型刻槽在床上的布置形式和单波型刻槽在床上的布置形式如图3-7和图3-8所示，单波形床面的床条由三段组成，即保留平行条、斜条及延长平行条3部分。斜条段共51条12组，床条间距36mm，斜度为8°角。保留及延长平行条段床条共46条11组，床条间距33mm，均沿床面运动方向平行布置。里松褐钇铌矿的生产实践表明，单波形摇床在富矿比不变的情况下，能比普通摇床处理更多的矿石，并能提高选矿回收率，其中波形、普通摇床粗选-0.4mm的褐钇铌矿的对比数据见表3-11。

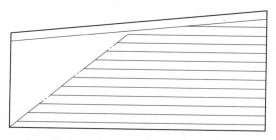

图3-7　普通型刻槽在床上的布置形式示意图

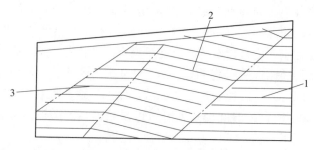

图3-8　单波型刻槽在床上的布置形式示意图

1—平行条区；2—斜条区；3—延长平行条区

表 3-11 波形、普通摇床粗选褐钇铌矿（连生体磨矿后-0.4mm 物料）对比

床条形式	单台处理量 /kg·h^{-1}	单位面积处理量 /kg·(m^2·h)$^{-1}$	产品	产率 /%	(Ta,Nb)$_2$O$_5$ 品位/%	回收率 /%
单波形	998	131	精矿	1.69	3.94	63.98
			中矿	35.37	0.0775	26.43
			尾矿	62.94	0.0158	9.59
			合计	100.00	0.0731	100.00
普通直线形	830	109	精矿	0.89	3.90	54.51
			中矿	38.41	0.051	30.92
			尾矿	60.70	0.0152	14.57
			合计	100.00	0.0633	100.00

如表 3-11 所示，单波形摇床的处理能力为普通摇床的 120.18%；回收率提高 9.47%。

摇床给矿要求预先分级，分粒级入选是摇床分选的先决条件，粒级范围越窄，摇床效率越高。采用水力分级方法所获得的产物中，高密度矿物的平均粒度要比低密度矿物小许多，可发生析离分层。所以，钽铌选厂常采用 4~6 室机械搅拌式水力分级机对摇床给矿进行分级。另外，摇床处理矿石的粒度上限为 2~3mm（粗砂摇床）。矿泥摇床的回收粒度下限一般为 0.02mm。给矿中若含有大量的微细粒级矿泥，不仅它们难以回收，而且因矿浆黏度增大，分层速度降低，还会导致较多的高密度矿物损失。所以在摇床给矿中含泥（指小于 10~20μm 粒级）量多时，即需进行预先脱泥。

摇床的选别效率除与摇床本身的结构形式和给料性质（密度、粒度组成、给矿量、给矿浓度等）有关外，还与冲程、冲次、冲洗水量、床面横向坡度等因素有直接关系。

（1）冲程与冲次。摇床的冲程和冲次对矿粒在床面上的松散分层和搬运分带同样有十分重要的影响。在一定范围内增大冲程和冲次，矿粒的纵向运动速度将随之增大。然而，若冲程和冲次过大，低密度和高密度矿粒又会发生混杂，造成分带不清。过小的冲程和冲次，会大大降低矿粒的纵向移动速度，对分选也不利。因此，摇床冲程一般在 5~25mm 调节，冲次则在 250~400r/min 调节。冲程和冲次的适宜值主要与入选的矿石粒度有关，粗砂摇床取较大的冲程、较小冲次；细砂和矿泥摇床取较小的冲程、较大的冲次。常用摇床冲程和冲次见表 3-12。

（2）冲洗水和床面横向坡度。冲洗水的大小和坡度共同决定着横向水流的流速。增大坡度或增大水量均可增大横向水速，处理同一种物料时，"大坡小水"

表 3-12　常用摇床的冲程与冲次

6 -S 摇床			云锡式摇床			弹簧摇床		
给料	冲程 /mm	冲次 /r·min⁻¹	给料	冲程 /mm	冲次 /r·min⁻¹	给料粒级 /mm	冲程 /mm	冲次 /r·min⁻¹
矿砂	18~24	250~300	粗砂	16~20	270~290	0.5~0.2	15~17	300
			细砂	11~16	290~320	0.2~0.074	11~15	315
矿泥	8~16	300~340	矿泥	8~11	320~360	0.074~0.037	10~14	330
						-0.037	5~8	360

和"小坡大水"均可使矿粒获得同样的横向速度，但"大坡小水"的操作方法有助于省水，不过此时精矿带将变窄，而不利于提高精矿质量。因此进行粗选和扫选时，采用"大坡小水"，进行精选时采用"小坡大水"。粗砂摇床的床条较高，其横向坡度也较大；而细砂及矿泥摇床的横坡相对较小。生产中常用的摇床横坡大致为粗砂摇床：2.5°~4.5°；细砂摇床：1.5°~3.5°；矿泥摇床：1°~2°。从给水量来看，粗砂摇床单位时间的给水量较多，但处理每吨矿石的耗水量则相对较少。通常处理每吨矿石的洗涤水量为 $1~3m^3$，加上给矿水总耗水量为 $3~10m^3$。

3.4　精选段工艺及设备

钽铌矿石普遍存在有用矿物品位低、矿物组分复杂的情况，因此钽铌矿选矿往往先经过粗选富集获得混合粗精矿，粗精矿再通过精选获得合格钽铌精矿和其他有用矿物。钽铌选厂经重选段选别，其粗精矿中除了有钽铌矿物，还常含有黑钨矿、锡石、金属硫化矿物（如黄铜矿、闪锌矿和方铅矿等）、锆英石、钛铁矿、磁铁矿和独居石等及部分在粗选段未分离的轻质硅酸盐矿物。一方面，这些伴生矿物对钽铌精矿来说就是有害杂质，需要进行精选分离来获得钽铌精矿，另一方面，这些伴生矿物常具有回收价值。因此，对钽铌粗精矿进行精选，就是尽量除去其中的杂质矿物，并把其中的有用矿物分别选出成为单独的产品，在获得钽铌精矿的同时综合回收有价伴生矿物。钽铌粗精矿中主要伴生矿物的分离方法如表 3-13 所示。

表 3-13　钽铌粗精矿中主要伴生矿物的常用分离方法

矿物组成	常用的分离方法
钽铌铁矿与黑钨矿	由于两种矿物具有相近的物理性质，因此难以用物理方法将二者分离，因此通常采用水冶的化学选矿的方法进行分离
钽铌矿物与硫化矿	二者的可浮性差异较大，可采用浮选或者桔浮作业进行分离
钽铌铁矿与锡石	锡石为非磁性矿物，而钽铌铁矿弱磁性矿物，可采用强磁选的方法分离，处理微细粒级时可采用浮选的方法，浮出锡石，使二者分离，锡石冶炼产出金属锡和含钽锡渣

续表 3-13

矿物组成	常用的分离方法
细晶石与锡石	二者导电率差异大，电选是有效的分离方法，电选作业所得的导体部分为锡石精矿，非导体部分为细晶石精矿，处理微细粒级时可采用浮选的方法，浮出锡石，使二者分离，锡石冶炼产出金属锡和含钽锡渣予以回收
钽铌铁矿与锆英石	磁选或者浮选，将可浮性好的锆英石浮出，使二者分离
钽铌铁矿与钛铁矿、磁铁矿	三者具有一定的磁性差异，其中磁铁矿为强磁性矿物，可进入弱磁产品，钛铁矿和钽铌铁矿均为弱磁性矿物，但钛铁矿的磁性比钽铌铁矿的磁性强，使用强磁作业，在合适的磁场强度下可将二者进行分离
钽铌铁矿与独居石	粗粒级通常采用电选，微细粒级可采用浮选的方法，浮出独居石
钽铌铁矿与石榴石	可采用酸液处理后磁选分离或电选分离，细粒可采用浮选分离法
钽铌铁矿与轻质硅酸盐矿物	进一步重选或者再磨后重选，除去轻质硅酸盐矿物

由于粗精矿的矿石性质不同，精选工艺也有所不同，图 3-9 为钽铌铁矿粗精矿精选的原则流程图。对于钽铌含量高、矿物组成简单的粗精矿，可采用比较简单的精选流程即可获得钽铌精矿。比如，某矿床矿石的重矿物中只含钽铌铁矿和少量锆英石，其通过重选段获得的钽铌粗精矿可采用磁选作业就可获得合格的钽铌精矿产品。但大多数情况下钽铌粗精矿中共生的矿物种类多，与钽铌矿物之间以及伴生矿物相互间关系比较密切，性质复杂，所以在精选工艺中为获得合格的钽铌精矿并综合回收其中的伴生有价组分，需要采用重选（摇床）、磁选、电选、重力浮选和浮选等选矿方法的联合工艺，有些选厂的精选段需要水冶等化学方法以获得合格的钽铌精矿。比如，某矿床中含有有价共生矿物钽铌铁矿、锡石、

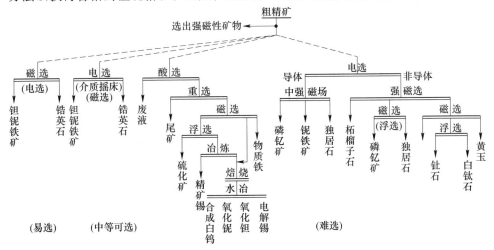

图 3-9 钽铌铁矿粗精矿精选的原则流程

金属硫化矿物和黑钨矿等，且锡石为富钽锡石，对于该重选粗精矿只能采用选冶联合的方法来处理，即通过重选-磁选-浮选（脱除硫化矿物）获得钽铌-钨混合精矿及富钽锡石。钽铌-钨混合精矿需进一步水冶获得最终钽铌精矿和含钨溶液，而富钽锡石则送火冶，其高钽锡渣送去水冶处理。后续仅对钽铌精选工艺中主要的分选作业磁选、电选、重力浮选进行介绍。

另外，钽铌矿选厂工艺流程，粗选和精选间是不连续的，精选各作业间亦是间断的，这虽为粗精矿的精选创造了精心加工的有利条件，但精选前粗精矿的预先加工直接影响精选效果和综合回收程度。粗选一般都采用湿式重选，达到丢弃大量低品位尾矿获得钽铌粗精矿的目的。由于粗选的磨矿作业会产生细铁屑，且粗选作业和精选是不连续的，这些铁屑在氧气和水的作用下氧化而无选择性地黏附到各类重矿物的表面，使磁性和导电性趋于一致，并产生大量的团聚物给分选造成困难。为了消除铁污染对精选作业的影响，有些厂采用酸处理的方法除去矿物颗粒表面的铁质而使其恢复特性，同时使粗精矿颗粒分散。

3.4.1　磁选作业

磁选是以矿物的磁性差异为基础的选矿方法。矿粒通过磁选机的磁场时，同时受到磁力和机械力的作用，磁性较强的矿粒受到的磁力较大，磁性较弱的矿粒受到的磁力较小，因此磁性不同的矿粒有着不同的运动轨迹，从而获得两种或几种单独的产品。钽铌粗精矿中常见伴生矿物的比磁化系数如表 3-14 所示。磁铁矿等矿物具有强磁性，而钽铁矿、铌铁矿和褐钇铌矿具有弱磁性，因此需利用强磁选法使之从非磁性矿物中分离出来。

表 3-14　钽铌粗精矿中常见矿物的比磁化系数与矿物磁性

矿物	比磁化系数/$10^{-6}\,cm^3 \cdot g^{-1}$	矿物磁性	矿物	比磁化系数/$10^{-6}\,cm^3 \cdot g^{-1}$	矿物磁性
磁铁矿	9200	强磁性	锆英石	0.79	非磁性
铌铁矿	37.38	弱磁性	独居石	17~20	弱磁性
钽铁矿	—	弱磁性	黑钨矿	36.41~39.71	弱磁性
褐钇铌矿	18.91~30.91	弱磁性	绿柱石	5.27	非磁性
锡石	0.83	非磁性	石英	-0.5	非磁性
石榴石	11~124	弱磁性	长石	14	非磁性
电气石	19.38	弱磁性	钛铁矿	136~900	弱磁性
黄玉	-0.36	非磁性	白钛石	—	非磁性
黄铜矿	5	非磁性	方铅矿	-0.62	非磁性
细晶石	—	非磁性	闪锌矿	0.83	非磁性

磁选机分为干式磁选机和湿式磁选机，钽铌矿精选段所用磁选机大多为干式磁选机，在干式磁选机方面主要应用的是 $\phi885mm$ 单盘、$\phi576mm$ 双盘和 $\phi600mm$ 三盘干式盘式磁选机，这三种磁选机的结构和分选过程（见图 3-10）基本相同。圆盘经激磁电流激磁后产生磁场，因而从给矿皮带上吸起磁性矿粒，当离开磁极后，吸起的磁性矿粒将脱离磁极而落入精矿接取斗中，无磁性的矿粒将随皮带向前运动进入尾矿斗中或进下一个圆盘再选。通过调节圆盘到振动槽表面的距离（即工作间隙）实现每个盘的磁场强度调整。多盘式磁选机可实现多次分选，通过多盘磁选机一次作业能够获得几种不同磁性质量的磁性产品。

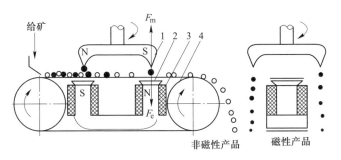

图 3-10   干式盘式磁选机示意图

磁选机的处理能力与处理物料的粒度有关，对 $\phi885mm$ 单盘磁选机而言，当处理 $-3+0.83mm$ 物料时，处理能力为 1.2t/h，处理 $-0.83+0.2mm$ 物料时为 1t/h，处理 $-0.2mm$ 物料时为 0.5t/h；对于 $\phi600mm$ 三盘磁选机而言，当处理 $-3+0.83mm$ 物料时，处理能力为 0.35t/h，处理 $-0.83+0.25mm$ 物料时为 0.3t/h，处理 $-0.25mm$ 物料时为 0.25t/h。

盘式磁选机属于下端给矿，磁性矿物向上吸起型，故磁性产品中夹杂少，选择性强，可以获得较纯的钽铌精矿，但尾矿中的钽铌较高，需要多次扫选。若给矿粒级较宽，应分级分选，入选级别越窄，磁选效果越好。

3.4.2 电选作业

电选法是基于被分离物料电性质上的差异，利用电选机使物料颗粒带电，在电场中颗粒受到电场力和机械力（重力、离心力）的作用，不同电性的颗粒运动轨迹发生差异而使物料得到分选的分离方法。

电选是钽铌矿精选常用的方法之一，但并不是所有的含钽铌的矿物在电选中作为导体分离出来。常见的钽铌矿物中钽铁矿、重钽铁矿、钽铌铁矿、锰钽铌矿、钛铌钽矿、钛铌钙铈矿和铌铁矿属于电性较好的矿物，而烧绿石、细晶石等则属于不良导体，因此需根据给矿的组成矿物的电性质来确定可否采用电选作业进行精选。比如某钽铌原生矿经重选后所得的粗精矿中除了含有钽铌矿导体矿物外，还含有大量的石榴子石、石英、长石、云母和锆英石等非导体矿物，故可用电选有效分离；该粗精矿采用高压电选机分选的流程如图 3-11 所示，分选结果如表 3-15 所示，采用该电选流程后，钽铌的总回收率比采用前（用磁选）总回收率可提高 15% 以上。

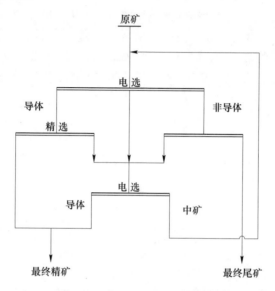

图 3-11　高压电选机分选的流程

表 3-15　高压电选机分选结果

产品名称	产率/%	$(Ta, Nb)_2O_5$ 品位/%	回收率/%	备　注
精矿	6.51	43.21	83.01	
中矿	7.12	2.71	5.71	给矿是重选后所得粗精矿
尾矿	86.37	0.44	11.28	
合计	100.00	3.386	100.00	

　　电选也常用于钽铌砂矿的精选，钽铌砂矿矿物中一般除了含有钽铌铁矿和钛铌铁矿还含有一定数量的磁铁矿、钛铁矿、独居石、磷钇矿和锆英石重矿物，可采用弱磁选选出磁铁矿，弱磁尾矿再用电选法将钛铁矿、铌铁矿、钛铌铁矿（导体物料）与独居石、磷钇矿、锆英石（非导体物料）分离后，导体物料和非导体物料分别进入不同后续分选作业。另外，尽管细晶石是非导体钽铌矿物，但对于含细晶石和锡石的混合精矿，由于锡石与细晶石的电导率差异大，在实际生产中常用电选法将锡石（导体矿物）与细晶石（非导体矿物）分离。

　　物料颗粒在较常用的圆筒形电晕电选机中的分选过程如图 3-12 所示。入选物料干燥后随辊筒进入电晕电场，来自电晕电场电晕极产生的电子及空气的负离子使导体和非导体都能吸附负电荷，但是导体颗粒得到的负电荷多，落到辊面之后又把电荷传给辊筒，负电荷全部放完，反而又得到正电荷被辊筒排斥，在电力、重力和离心力的作用下其轨迹偏离辊筒进入导体产品区；非导体颗粒进入电场后，由于剩余电荷多，在静电场中产生的吸力大于矿粒的重力和离心力，吸附于辊筒上面直至被辊筒后面的刷子刷下，进入非导体产品区。

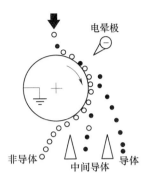

图 3-12　高压电晕筒式
电选机分选示意图

我国生产的电选机种类和型号都比较少，主要是辊筒式电选机，生产实践表明，电选机电压太低，使得不少矿物难以或者不能分离。辊筒直径太小很不利于分选。基于上述分析。我国于 1971 年研制成功了一种较大筒径（320mm），电压高达 60kV 的高压电选机（DXJϕ320mm×900mm）。随后在若干矿山用于钽铌矿的精选和金红石与石榴子石的分选时，一次分选就能获得高质量的精矿。

DXJϕ320mm×900mm 高压电选机的构造如图 3-13 所示，该机由分选鼓筒、电晕极、静电极、分矿板，给料装置和接料装置等构成。其中分选鼓筒为单筒，鼓筒规格为 ϕ320mm×900mm，筒内装有电加热原件，转速可调；电极组为电晕极（6 根）和单根静电极对接地鼓筒正极，电晕丝和静电极的直径分别为 0.2mm 和 45mm，并组装在同一弧形支架上，极距和入选角可在运行时调节。该机采用 1 个静电极与多根（最多为 6 根）电晕极，其电场为复合电场。其优点有：

（1）电压最高能达 60kV，从而增加了电场力，也提高了分选效果，扩大了应用范围。例如，在低电压下，钽铌矿无法电选，用这种高压电选机都能有效地分选，突出地表现在经一次分选的效率高。

（2）采用了多根电晕极与静电极相结合的复合电场，增大了电晕放电的区域，因而增加了颗粒通过电场荷电的机会，从而可提高分选效果。此外，极距和入选的角度有调节装置，有利于多种矿物的分选。

（3）采用转筒内加温，使鼓筒表面温度保持在 50~80℃，能保持物料的干燥，可提高分选效果。

（4）鼓筒转速采用直流马达无级变速，调节灵活方便。

（5）为了适应各种矿物的分选需要，电晕极可以采用一根或多根。如对非导体矿物要求很纯，则可采用较少根数电晕极。反之，如要求导体中尽可能少的含非导体矿，应采用多根电晕极。

其缺点是：只有一个转筒，多次分选时需要返回中间产品不便。

另外，由长沙矿冶研究院生产的 YD 型高压电选机（有 YD-3A 型和 YD-4A 两种）在国内使用也较多。YD-3A 型电选机的结构如图 3-14 所示，三筒上下排

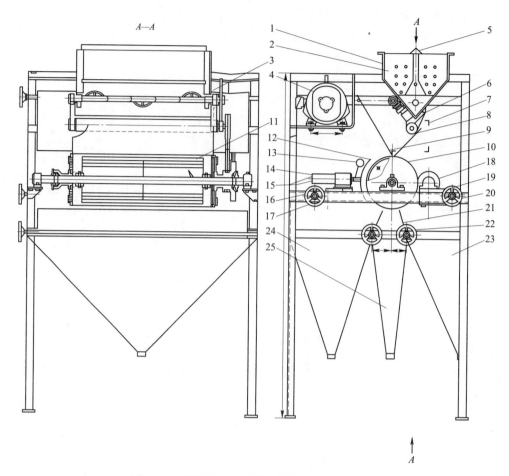

图 3-13　DXJφ320mm×900mm 高压电选机的构造

1—给矿斗；2—加湿管；3—搅拌叶；4—直流电机；5—水蒸气排除罩；6—排矿阀门；7—给矿辊；
8—导矿板；9—挡矿板；10—转鼓电机；11—转鼓内加热系统；12—板状电晕极；13—高压静电极；
14—高压电源绝缘子；15—高压电；16—高压电调节装置；17—调节手轮；18—棕刷；19—棕刷调节装置；
20—调节手轮；21—分矿调节隔板；22—调节手轮；23—尾矿斗；24—精矿斗；25—中矿斗

列，工作电压为 0~60kV。YD 型与前述电选机的主要不同之处是电极结构。电晕极不是采用普通的镍铬丝，而是采用刀形电晕极，其尖削边缘的厚度可在 0.1mm 或更小，这样的刀片电极比较容易产生电晕放电，也不致因火花放电烧坏电晕极。但也因较容易过渡到火花放电，这对在很高电压下才能成为导体的物料的分选是个缺点。YD-3A 型采用三筒连选，既能加强精选或扫选，又有利于提高处理能力。当需要加强精选时，下筒可用于分选上筒的导体产品或中间产品，可通过调节分矿挡板的位置实现。长沙矿冶研究院曾将 YD 系列电选机用以钽铌矿的精选取得了比较满意的指标。

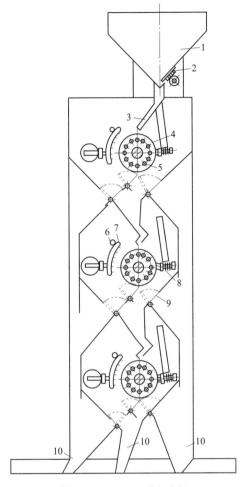

图 3-14 YD-3A 型电选机

1—矿仓；2—给矿闸门；3—给矿板；4—圆筒电极；5—电热器；6—偏转电极；

7—电晕电极；8—排矿毛刷；9—产品分隔板；10—排矿斗

为了提高电选指标，必须对入选物料进行分级，除尘与加热。

粒度对电选效果有重要的影响，各种粒级所要求的分选条件是不相同的，因此处理粒度范围很宽的物料时，很难选择适当的操作条件。为了提高电选效率，必须对物料分级，分级粒度范围越窄，电选效果越好。各级别的电选结果并不相同。表 3-16 为某钽铌重选精矿的分级电选分离试验指标，该重选精矿中细晶石和含钽锡石约占 90%，电选作业的原则是最大限度地降低细晶石精矿（非导体）中锡的含量，以保证高钽精矿质量并减少锡的损失，而对锡石精矿（导体）中钽铌含量的要求可放宽，因含钽锡石精矿在冶炼过程中，钽铌将富集于炉渣中予以回收。

表 3-16　各级别的电选指标

作业	产品	产率/%	品位/%		回收率/%	
			$(Ta,Nb)_2O_5$	Sn	$(Ta,Nb)_2O_5$	Sn
+0.074mm 粒级	含钽锡石精矿	42.47	5.06	71.36	5.96	96.50
	细晶石精矿	57.53	58.92	1.91	94.04	3.50
	合计	100.00	36.05	31.41	100.00	100.00
-0.074mm 粒级	含钽锡石精矿	24.80	4.56	72.54	2.47	74.57
	细晶石精矿	75.20	59.42	8.16	97.53	25.43
	合计	100.00	45.82	24.13	100.00	100.00
电选总指标	含钽锡石精矿	33.15	4.86	71.82	3.88	86.37
	细晶石精矿	66.85	59.22	5.62	96.12	13.63
	合计	100.00	41.20	27.57	100.00	100.00

YD-3A 型高压电选机的结构参数：

接地滚筒电极：直径 300mm，长 2000mm，数量 3 个，转速可调；

弧形刀片电极：刀片长 2105mm，刀片厚度 0.1~0.3mm，刀片数量 7 片；

工作电压 0~60kV。

由表 3-16 可以看出，电选处理 +0.074mm 粒级的效果较好，细晶石精矿中含锡降至 1.91%，电选粒度以不超过 1mm 为宜。

物料中的水分会增加矿粒的导电性，降低导体矿粒和非导体矿粒的导电性差别，同时会增加矿粒的黏附现象，因此严重影响电选效果。某钽铌粗精矿采用电选作业将物料分为两种产品，即导电产品（铌铁矿、锡石、钛铁矿、磁铁矿）和非导电产品（锆英石、磷钇矿、钍石和独居石）。试验结果表明，入选物料不加热时，所得产品的品位和回收率均较低，当物料加热到 100~110℃时，分选效率显著提高，各种矿物的回收率均能达到 95% 左右，因此电选前最好将物料加温到 80~120℃。

辊式电选机的调节因素有：电压、辊筒转速、电极距离、分矿板位置、给矿速度等，生产中根据物料性质进行调节。一般情况下，电压高些分选效果好；电晕极和静电极在接地辊筒斜上方 45° 角位置较好，距离 60~80mm，太近时易产生火花放电，烧毁电晕极，电极位置调好后不再经常调整。辊筒转速视矿石的性质和要求的指标进行调整，物料粗时转速应低些，分矿板位置改变，产品产率和品位随之改变，因此分矿板位置应根据要求的分选指标通过试验确定。

3.4.3　重力浮选

重力浮选是在重选设备上同时进行重选和絮团状颗粒浮选的一种特殊分选工

艺，其原理是根据物料间表面物理化学性质的不同，依靠表面张力作用使疏水性物料表面聚集许多细小的气泡，再相互结成絮团状颗粒（团粒）而浮于水面，亲水物料则沉于水底，并用重选方法分离。重力浮选法具有以下三个特点：

（1）重选和浮选相结合，可以取得较好的分离效果，简化工艺流程和提高生产效率。

（2）能处理粗粒级物料（最大可达6mm），节省磨矿费用，可避免再磨时有用矿物的过粉碎现象产生。

（3）设备操作简单，过程适应性强，大小厂矿均可采用。

重力浮选是钽铌精选段较常用的方法之一，钽铌原生矿的重选粗精矿中，粗粒钽铌矿物、黑钨矿、锡石及硫化矿物同时存在，一般将硫化矿物浮出的方法有两种，一种是将物料磨至浮选所需的粒度（一般硫化矿的浮选粒度上限为-0.3mm）进行硫化矿浮选，不过将所有的矿物磨细，必然会导致其他有用矿物过磨；另一种方法是用重力浮选的方法在粗粒情况下将硫化矿浮出，这样可避免再磨产生的泥化。在原生钽铌矿精选中，重力浮选是将钽铌粗精矿中的硫化矿物浮出的常用方法，另外在钽铌砂矿选厂，重力浮选法被用以分离钽铌矿物（钽铌铁矿、铌铁矿和褐钇铌矿）与独居石等。

重力浮选所用设备全部为重选设备，其中以使用摇床居多，常称为怡浮；其次是溜槽。怡浮是经过改造后的摇床，包括床面结构改造和在床面上加设充气管。

如图3-15所示，在普通摇床床面上增加一个小型的辅助床面，其倾角大于普通摇床床面11°～12°，并增加若干斜置床条。加设充气管是在辅助床面上方位置，目的是不断向料浆充气，以增加料浆中空气泡数量。待分选物料首先需脱泥和分级，因为细泥在重力浮选时不仅得不到分选，而且还会影响粗颗粒分选和消耗大量浮选药剂。较窄级别粒度范围的分级可提高分选效果。然后，添加相应的浮选捕收剂使目的物料表面疏水，并配合高浓度充气调浆。调浆完毕的高浓度料浆，经稀释后给入怡浮。当已充气的料浆沿辅助床面流到分选床面时产生紊流，引起较大的搅动，带入更多的空气。从搅拌桶出来已初步形成絮团的疏水颗粒，会再混入较多的小气泡，形成更轻更大的絮团，漂浮于分选床面水面之上，并顺着斜面从摇床原来排轻物料一侧排出。亲水性物料则沉于水底从摇床原来排重物料一侧排出。增加的斜置床条可搅动水流，延长分选时间，增加分选效果。

重力浮选适宜处理粒度比较粗、可浮性又比较好，用普通重选或浮选又比较难于分选的物料，其最适宜的粒度为1.6～2.3mm，最大可达6mm，最小可达0.075mm。重力浮选的给矿需要添加药剂并在高浓度下长时间搅拌，粗粒级调浆浓度可达85%，中粒级（0.6mm左右）调浆浓度为75%～85%左右，对细粒级（0.2mm）来说，如浓度过大，则彼此黏着，减少与药剂接触的机会，因此浓度应稀一些，合适的浓度为65%～70%。所使用的药剂种类及用量取决于被浮矿物

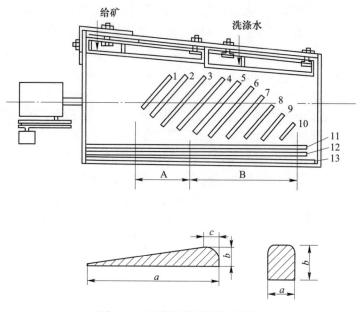

图 3-15　枪浮摇床面及其来复条

A—粗选区　　B—精选区

1~10—对角来复条；11~13—平行来复条

的种类及性质。硫化矿的重力浮选常用的捕收剂为黄药和煤油，以高级黄药的效果较好，调整剂使用硫酸。仅使用黄药作捕收剂时，重力浮选的最大粒度不易达到 3mm，同时使用煤油（或柴油）和黄药，其粒度可达 3mm 以上。但使用黄药和硫酸时，会产生一种臭味，对周围的空气污染比较大。广州有色金属研究院在广西大厂车河选矿厂进行枪浮试验时，采用丁铵黑药作捕收剂来浮硫化矿，以获得粗粒的锡精矿，试验效果好，脱硫效率高，臭味较小。

3.4.4　其他分离方法

磁选、电选和重力浮选是钽铌选厂精选段常用的分离方法，但是这些方法往往也有其局限性，如干式强磁和电选只适用于较粗物料的分选，一般的分选粒度下限为 0.04mm，对细物料则分选效果较差，又如钽铌铁矿和黑钨矿具有相似的导电性、磁性、比重和可浮性，难以用物理方法分离，则需采用化学的方法分离。在钽铌粗精矿的精选作业中，所处理的物料往往矿物组成复杂，常使用多种分离手段才能使其分离。常见的几种组成复杂的钽铌精矿的分离方法如下。

3.4.4.1　钽铌铁矿与黑钨的分离

由于钽铌铁矿与黑钨矿具有相近的比重、磁性、导电性和可浮性，因此难以用物理选矿的方法将二者分离，只能采用化学法将二者分离，通常采用水冶，其原则流程如图 3-16 所示。首先将物料磨至-0.04mm，加碳酸钠或氢氧化钠焙烧（800℃），或在常压下用浓碱煮，过滤后滤渣用盐酸（5%）分解，可获得人造钽铌精矿。滤液为钨酸钠溶液，经过调酸（pH 值 2~2.5）萃取、中和、结晶等工序，可获得氧化物（WO_3）产品。

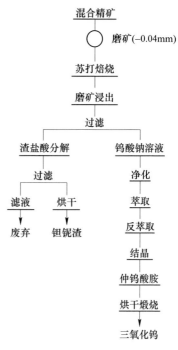

图 3-16 钽铌铁矿与黑钨矿混合精矿水冶原则流程

3.4.4.2 钽铌铁矿与锡石的分离

锡石是非磁性矿物，而钽铌铁矿是弱磁性矿物，因此粗粒的钽铌铁矿与锡石可通过干式强磁选实现分离，细粒钽铌铁矿与锡石的分离则常用湿式高梯度强磁选机来进行，或采用浮选法使其分离。浮选可用（改性）琥珀酸作捕收剂，氟硅酸、硅酸钠作钽铌铁矿的抑制剂，在低矿浆 pH 下将富钽锡石浮出。对于物理方法难以分离的钽铌细泥精矿或者富钽锡石则需要用采用选冶联合方法处理，首先经过物理选矿的方法获得富钽锡精矿（或钽铌-锡的细泥精矿）后送入火冶段炼成精锡，并将含钽锡渣送入水冶处理。其中含钽锡渣的水冶处理工序为：物料的研磨-加碱焙烧（800~900℃）-酸煮后滤渣为人造钽铌精矿。其滤液经铁屑还原、电积，在阴极产生电积锡。

3.4.4.3 细晶石与锡石的分离

细晶石属于非导体矿物，而锡石则属于导体矿物，因此电选法是分离细晶石和锡石的常用方法，但是有时因为粒度细，矿物表面受污染等因素的影响，二者的电选分离效果并不理想，因此可以考虑用其他分选方法来进行二者的分离。广州有色金属研究院曾对宜春钽铌精矿进行精选分离试验，对于精选段获得的细晶石-含钽锡石进行电选分离试验，试验结果表明，在电选作业中，+0.074mm 粒级的电选效果较好，可将细晶石精矿中含锡量降至 1.91%，-0.074mm 粒级的细晶石精矿中含锡高达 8.16%，难以取得含锡量较低的细晶石精矿。因此对于-0.074mm 的粒级采用浮选法进行分离试验，用羧甲基纤维素为细晶石抑制剂，新型羟肟酸为锡石捕收剂，在弱碱性的条件下浮出锡石，经浮选后细晶石精矿中的含锡量降至 3.36%。该电选-浮选联合法处理细晶石-锡石的混合精矿的方法取得了良好的效果，最终获得了含锡低（2.7%）的细晶石精矿，且富钽锡石的回收率高达90.19%。

3.4.4.4　褐钇铌矿粗精矿的精选分离

褐钇铌矿砂矿的选矿方法和工艺流程与钽铁矿-铌铁矿的选别相同，粗选采用重选，精选采用磁选、电选、重力浮选、浮选和重选等分离方法。其重选粗精矿往往由钛铁矿、褐钇铌矿、磁铁矿、锡石和少量独居石、榍石和锆英石等，有时也会夹杂角闪石、石英等脉石矿物。

褐钇铌矿及其主要伴生矿物的性质分析如下：

（1）在这些矿物中，有用矿物的比重均大于4.5，角闪石、榍石等脉石矿物的比重小于3.4，二者具有一定的比重差异；

（2）其中磁铁矿是强磁性矿物，钛铁矿、角闪石、褐钇铌矿、独居石和榍石具有中等磁性或弱磁性，锡石和锆英石为非磁性矿物，用磁选的方法可将褐钇铌矿从非磁性脉石矿物与锡石、锆英石中分离出来，严格控制磁选操作参数与条件，也可将钛铁矿与褐钇铌矿分离，但难以将褐钇铌矿同独居石、角闪石分离干净；

（3）其中钛铁矿、褐钇铌矿属于导体矿物，而独居石、锆英石属于非导体矿物，可采用电选法将褐钇铌矿同独居石、锆英石分离，而不能与钛铁矿分离，二者导电性很接近；

（4）以氧化石蜡皂作捕收剂，碳酸钠作调整剂，硅酸钠作抑制剂浮出独居石，可将褐钇铌矿与独居石分离。

褐钇铌矿的粗精矿的精选常采用以磁选为主的精选方案，可从钛铁矿、磁铁矿、锡石、锆英石及硅酸盐矿物组分中分选出褐钇铌矿的优质精矿。若矿石中存在大量硅酸盐类脉石矿物，尤其是有角闪石、黑云母等，则采用先重选后磁选工艺流程为合理。若粗精矿中独居石相对含量较高时，可采用重力浮选将独居石和褐钇铌矿加以分离，达到综合回收的目的。电选分离褐钇铌矿及其伴生的部分矿物是有效的。

3.5　有用组分的综合回收

钽、铌元素在地壳中的含量很低，尤其是我国呈富集状态的工业矿床品位相对其他金属的可开采临界矿床品位要低很多。为了获取这少量的金属矿物，在矿物加工中要耗费大量能源、丢弃大量尾矿、占据大量贮存空间，使得选矿成本居高不下。因此，研究开发低品位矿产资源的全矿石综合回收技术，全面利用所开采的矿石，是经济、有效地利用这类资源的重要途径，也是建立绿色矿山、充分利用资源、清洁生产的必由之路。

钽铌矿为最复杂的矿种，常与锡、钨、锂、铍、铷、铯等金属伴生或共生，综合利用价值高。国内钽铌矿山大多对其共生、伴生有价组分进行了综合回收。新疆可可托海属于花岗伟晶岩矿床，主要金属矿物为钽铌铁矿、细晶石、锂辉石和绿柱石，其选厂不但回收了钽铌矿、锂辉石、绿柱石，还回收了云母和长石。福建南平大型花岗伟晶岩钽铌矿床，含氧化钽矿物0.03%，并伴有锡矿物，非金属矿物主要是长石、石英、云母等，目前该选厂除获得钽铌精矿和锡精矿外还从尾矿中回收了占选矿厂原矿处理量80%～85%的长石粉。此外，在粗选流程中，采用筛选法回收纯度达99%的白云母精矿，矿产资源综合利用率高，基本上实现了资源的整体开发利用，社会效益、经济效益显著。江西宜春钽铌矿体属钠长石化、云英岩化花岗岩，该矿是中国目前钽、铌、锂的主要原料基地之一，主要产品有钽铌精矿、锂云母精矿以及长石粉。

钽铌矿中伴生多金属的种类、数量、粒度和赋存状态随着矿床的不同而异，不同的钽铌矿的精选和综合回收工艺流程不同，钽铌矿的综合回收主要包括以下两个方面：

（1）在钽铌粗精矿的精选分离，在获得了钽铌精矿的同时，可综合回收粗精矿中的伴生重矿物（如黑钨矿、锡石、金属硫化矿物、独居石等），关于该部分的讨论见3.3节。

（2）粗选尾矿的综合回收，从粗选尾矿（轻质矿物）中磁选、浮选回收伴生金属及非金属矿物，这是钽铌选厂实现了资源的整体开发利用的重点。本节着重讨论这一问题。

3.5.1 粗选尾矿中锂、铍的回收

花岗伟晶岩型钽铌矿床与钠长石化、云英岩化花岗岩型钽铌矿床是钽铌矿床中的极重要的工业类型，也是目前我国所开采的主要钽铌矿床。花岗伟晶岩型钽铌矿床为钽、铌、锂、铍、铷、铯的综合性矿床，矿石中主要有用矿物包括钽铌铁（锰）矿、细晶石、锂辉石、绿柱石，脉石矿物主要为石英、长石、白云母、石榴子石和角闪石等。在花岗伟晶岩钽铌矿的选别中，轻质无磁性的锂辉石、绿柱石进入轻质钽铌粗选尾矿中，可采用浮选流程将其回收。钠长石化、云英岩化花岗岩型钽铌矿床中锂常为钽铌矿石的伴生元素，锂矿物以锂云母矿物的形式存在。矿石中有用矿物主要为钽铌铁矿、细晶石、锂云母、铁锂云母、锂白云母，脉石矿物主要为长石、石英、黄玉等。锂云母属于轻质矿物，进入钽铌重选尾矿中，通常采用浮选、磁选的方法将其回收。

3.5.1.1 花岗伟晶岩型钽铌矿粗选尾矿中锂辉石与绿柱石的浮选

锂辉石和绿柱石分别是目前最重要的工业锂原料和铍原料，其基本物理性质

见表 3-17。由表 3-17 可知锂辉石和绿柱石均为轻质无磁性矿物，在花岗伟晶岩型钽铌矿的粗选段进入粗选尾矿中，常采用浮选法将其从钽铌粗选尾矿中回收。

表 3-17　锂辉石和绿柱石的物理性质

矿物名称	化学组成	理论品位/%	密度/g·cm⁻³	硬度	磁性
锂辉石	$LiAl(SiO_3)_2$	8.1%(Li_2O)	3.1~3.2	6~7	无磁性
绿柱石	$Be_3Al_2(SiO_3)_6$	14.1%(BeO)	2.6~2.8	7.8~8	无磁性

锂辉石的浮选流程包括反浮选工艺和正浮选工艺。20 世纪 50~60 年代，美国多采用反浮选工艺，具体是矿浆用石灰和糊精调浆，在 pH 值为 10.5~11 的条件下用阳离子捕收剂反浮选石英、长石和云母等；然后将含有某些含铁矿物的槽内产品浓密后用氢氟酸调浆处理，再用脂肪酸类捕收剂精选，则槽内产品就是锂辉石精矿。目前锂辉石的浮选多采用正浮选工艺，即添加碳酸钠、氢氧化钠或硫化钠作为调整剂，对锂辉石表面进行选择性活化，然后添加脂肪酸或其他皂类捕收剂直接浮选锂辉石。需要说明的是，三种碱类的用量、加药时间和地点等因素对浮选的影响很大，捕收剂的用量也随水质的变化而增减。在实际生产中，受风化条件和矿浆中溶盐离子的影响，锂辉石的可浮性以及其他脉石分离的难易程度变化较大，所以针对不同的矿石，有必要对其物理化学性质进行分析，再选择合适的药剂制度和选矿工艺。

绿柱石的浮选工艺包括酸法脱泥流程、碱法脱泥浮选流程和不脱泥碱法浮选流程。无论是酸法还是碱法流程，绿柱石浮选前必须添加调整剂酸或碱进行预先处理。新疆可可托海花岗伟晶岩型钽铌矿重选尾矿中绿柱石的浮选曾先后探索试用过以上三种工艺流程。酸法脱泥浮选工艺包括在硫酸介质中（pH 值为 2）用阳离子捕收剂浮出云母；用氢氟酸处理云母浮选尾矿，随之用同类捕收剂进行长石-绿柱石混合浮选，混合精矿经洗矿、脱药后再用碳酸钠调浆，添加阴离子捕收剂浮选绿柱石；对绿柱石浮选泡沫进行四次精选（包括两次加温-浮选）。该浮选工艺能分别回收绿柱石、长石、云母，但工艺流程复杂，且对设备要求较高。碱法脱泥浮选即在矿浆预处理时加入氢氧化钠、碳酸钠长时间搅拌处理后洗矿脱泥三次，再以碳酸钠调浆，用阴离子捕收剂进行绿柱石粗选，泡沫再精选五次后用磁选除去精矿中的铁锰氧化物及石榴石、角闪石等磁性脉石。该方法与酸法脱泥流程相比，获得的精矿指标更好，且对设备要求不高，但仍需矿浆浓缩处理和三次洗矿脱泥，且精选工艺也很复杂。为使流程进一步简化，提出了不脱泥碱法工艺流程，即采用 $NaOH\text{-}Na_2S\text{-}Na_2CO_3$ 或 $NaOH\text{-}Na_2CO_3$ 调浆后直接浮选绿柱石的不脱泥、不洗矿的碱法正浮选简易流程（具体细节在实例中详述）。

花岗伟晶岩型钽铌矿中的锂辉石常与绿柱石共生在一起，当原矿中 BeO 含量大于 0.04% 时，应考虑锂辉石和绿柱石的浮选分离。由于锂辉石和绿柱石的浮游性相近，二者的浮选分离被视为浮选领域的难题之一。实现这一分离的关键是寻找选择性抑制剂。20世纪50~60年代，国内外对锂、铍矿物浮选分离研究较多，发现在阴离子捕收剂浮选体系中，几种常用的调整剂对锂辉石的抑制作用递增顺序为：氟化钠、木素磺酸盐、磷酸盐、碳酸盐、氟硅酸钠、硅酸钠、淀粉等。其中木素磺酸盐对锂辉石的抑制作用很微弱，而氟化钠基本不起抑制作用，反而可以增加其浮选速度。而对绿柱石浮选来说，上述调整剂的抑制作用有很大差别，在中性和弱碱性介质中，大量氟化钠、木素磺酸盐、磷酸盐和碳酸盐等对其有强烈的抑制作用，尤其以氟化钠的作用为好，而少量的淀粉、硅酸钠的抑制作用不明显，在强碱性介质中上述药剂对绿柱石的抑制作用普遍减弱，而对锂辉石的抑制作用普遍加强。早期对锂辉石与绿柱石浮选分离的研究即是基于上述调整剂对两种矿物的作用不同而展开的。工业生产中得到实际应用的锂铍分离工艺归纳起来有以下3种：

（1）优先浮选部分锂辉石，锂铍混合浮选精矿再浮选分离工艺。用氟化钠、碳酸钠作调整剂，用脂肪酸皂作捕收剂优先浮选部分锂辉石，然后添加氢氧化钠和 Ca^{2+}，用脂肪酸皂混合浮选锂辉石和绿柱石，最后将锂辉石和绿柱石混合泡沫产物用碳酸钠、氢氧化钠和酸、碱性水玻璃加温处理，浮选分出绿柱石。原则工艺流程如图3-17所示。

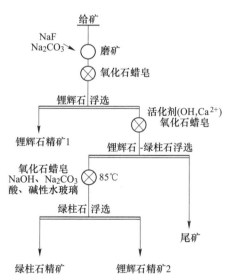

图 3-17 优先浮选部分锂辉石，锂铍混合浮选精矿再浮选分离工艺

（2）优先浮选绿柱石，再浮选锂辉石工艺。先反浮选易浮矿物，然后在碳酸钠、硫化钠和氢氧化钠高碱介质中使锂辉石处于受抑条件下，用脂肪酸皂优先浮选绿柱石。绿柱石浮选尾矿经氢氧化钠活化后，添加脂肪酸皂浮选锂辉石。原则

工艺流程如图 3-18 所示。此工艺流程在后来设计可可托海选矿厂时用作一号系统绿柱石的生产流程。

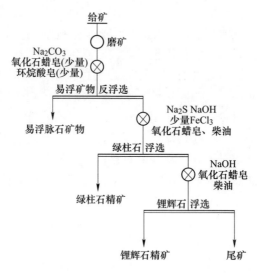

图 3-18　优先浮选绿柱石，再浮选锂辉石工艺

（3）优先浮选锂辉石，再浮选绿柱石工艺。在碳酸钠和碱木素（用碱溶解木素磺酸盐）长时间作用的低碱介质中，绿柱石和脉石矿物受到一定的抑制，用氧化石蜡皂、环烷酸皂和柴油浮选锂辉石。此后，加氢氧化钠、硫化钠、三氯化铁活化绿柱石并抑制脉石矿物，用氧化石蜡皂和柴油浮选绿柱石。原则流程如图3-19 所示。由于碳酸钠和碱木素的组合调整剂对绿柱石的抑制效果不稳定，因

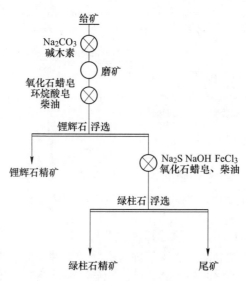

图 3-19　优先浮选锂辉石，再浮选绿柱石工艺

此在优先选锂作业中，铍在锂精矿中的损失较大，铍的最终回收率相对低些。此工艺流程在后来设计可可托海选矿厂时用作二号系统锂辉石的生产流程。

上述的 3 种流程曾用于新疆可可托海三号花岗伟晶岩钽铌矿重选尾矿中锂辉石和绿柱石的回收与分离试验，均获得了成功，其工业试验结果如表 3-18 所示。

表 3-18 三种锂铍分离流程工业试验结果

流程	原矿品位/%		铍精矿/%		锂精矿/%	
	BeO	Li$_2$O	BeO	回收率	Li$_2$O	回收率
优先浮选部分锂辉石，锂铍混合浮选精矿再浮选分离	0.045	0.99	9.62	54.5	5.84	84.4
优先浮选绿柱石，再浮选锂辉石	0.054	0.895	8.82	60.2	6.01	84.6
优先浮选锂辉石，再浮选绿柱石	0.0457	1.097	8.44	49.9	5.67	84.6

新疆可可托海选厂分三个系统分别处理伟晶岩矿床中不同类型的矿石，其中三号系统处理钽铌矿石（钽铌重选粗选-精选流程详见第 6 章）。矿石含 (Ta,Nb)$_2$O$_5$ 为 0.015%、BeO 为 0.093%、Li$_2$O 为 1.29%，钽铌矿物主要为锰钽矿、钽铌锰矿、细晶石，铍矿物主要是绿柱石，锂矿物主要是锂辉石，脉石矿物主要是石英、长石。钽铌重选旋转螺旋溜槽的尾矿经过 ϕ250mm 旋流器分级，旋流器溢流送入选厂的二号系统进行锂辉石和绿柱石的综合回收。选厂的二号系统，采用优先浮选锂辉石再选绿柱石的流程。1977 年二号系统工业试验曾获得成功，但因工艺不稳定及成本高等原因没有回收绿柱石，只浮选锂辉石。选矿厂二号系统锂辉石的生产流程如图 3-20 所示，1983 年生产平均指标为：原矿品位 Li$_2$O 为 1.32%，精矿品位为 Li$_2$O 为 5.97%，回收率为 86.5%，平均药剂消耗为 5.5kg/t。原设计是在锂辉石浮选后用硫化钠、氢氧化钠和氧化石蜡皂等浮选绿柱石。但二号系列仅回收锂辉石，而未回收绿柱石。此后 30 年间，可可托海选矿厂以及有关高校、科研院所几经试验研究，但绿柱石浮选未有根本性的突破，工业生产铍精矿 BeO 一般低于 8%，始终未达到 20 世纪 60 年代的工业试验指标。

3.5.1.2 钠长石化、云英岩化花岗岩型钽铌矿中锂云母的回收

锂云母也是工业上重要的锂原料之一，在钠长石化、云英岩化花岗岩型钽铌矿中，锂云母作为伴生矿物存在，江西宜春钽铌多金属矿属于该类型。由于锂云母的密度为 2.8~3.3g/cm^3，属于轻质矿物，经磨矿呈薄片状，在钽铌重选段中，锂云母通常易进入重选尾矿，因此通常在钽铌重选尾矿中回收锂云母。锂云母常呈鳞片状或叶片状集合体，浮游性好，实践中常用阳离子捕收剂进行锂云母的正

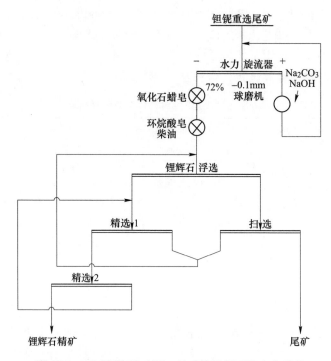

图 3-20　可可托海选矿厂二号系统锂辉石的生产流程

浮选。对于含铁的锂云母或铁锂云母，可采用强磁选分选。

宜春钽铌矿处理的原矿含有大约 20% 锂云母，其他有用矿物为富锰钽铌铁矿、钽锡石、细晶石，主要脉石矿物为钠长石、石英和少量黄玉等。原矿经破碎、磨矿后入重选产出钽铌粗精矿，经精选获得商品精矿（钽铌重选-精选流程详见第 6 章）。重选尾矿经脱泥给入锂云母车间，该厂锂云母生产流程特别简单，往重选尾矿矿浆中加入混合胺直接浮选锂云母，泡沫产品即为锂云母精矿。该厂生产的锂云母精矿品位（Li_2O）为 4%~4.7%，作业回收率为 80%~85%，生产流程如图 3-21 所示。

3.5.2　粗选尾矿中铷、铯的回收

铷和铯是分散元素，尤其是铷，迄今为止还未发现铷的独立矿物。铷铯常作为伴生有价元素赋存于花岗伟晶岩型钽铌矿和钠长石化、云英岩化花岗岩型钽铌矿中。其中花岗伟晶岩型钽铌矿中的铷全部分散于白云母、锂云母和钾长石内，铯主要分散于绿柱石、白云母、锂云母和钾长石中，只有少量在晚期阶段形成铯沸石中。钠长石化、云英岩化花岗岩型钽铌矿中铷、铯主要赋存于锂云母中，部分铯分散于石榴石、部分铷分散在长石中。因此，该类型的钽铌矿石，云母是铷铯的主要富集矿物，可从钽铌重选尾矿中回收云母（包括锂云母、白云母及与云

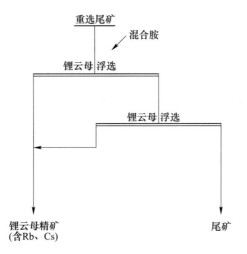

图 3-21　宜春钽铌锂云母车间浮选流程

母连晶的铯沸石）精矿作为铷铯的提取原料。

宜春钽铌矿石钠长石化、云英岩化花岗岩型钽铌矿，原矿含 Rb_2O 为 0.25%、Cs_2O 为 0.06%，铷和铯绝大部分赋存于锂云母中。该厂从钽铌重选尾矿中回收锂云母的流程如图 3-21 所示，浮选所得的锂云母精矿含 Rb_2O 为 1.40%、Cs_2O 为 0.22%，实现了铷和铯的富集与回收。江西锂厂也是国内最早从事铷化合物生产的企业，选铌钽矿后的锂云母精矿作为提取锂盐的原料，在生产碳酸锂及氢氧化锂后的废弃物中提取铷。

3.5.3　粗选尾矿中云母、长石和石英的分离与回收

云母、长石和石英是花岗伟晶岩型钽铌矿和花岗岩型钽铌矿石中主要的脉石矿物，但云母、长石和石英是重要的无机非金属材料，广泛应用于建筑、陶瓷等行业，具有一定的回收经济价值。另一方面由于矿石中重矿物的含量低，轻质的重选尾矿占原矿比例超过 90%，从重选尾矿中回收这些非金属矿物可减轻钽铌选厂的尾矿的储存压力和尾矿固废带来的环保压力。

钽铌重选尾矿中云母、长石和石英的回收方法主要为浮选的方法，关键在于其分离。长石和云母的分离常使用硫酸作调整剂，加混合胺和柴油作为云母的捕收剂，优先浮出云母。云母和长石浮选时，常采用高浓度调浆，低浓度浮选的方法。这样既可减少药剂用量，又能减少对机械设备的腐蚀。

长石和石英的分选较为困难，其难选原因是长石和石英在水溶液中荷电机理基本相同。二者晶体结构都是架状结构，只不过是在石英晶体结构中 1/4 的 Si^{4+} 被 Al^{3+} 取代，即为长石。由于 Al^{3+} 取代 Si^{4+}，在相应的四面体构造单元中，充入 K^+ 或 Na^+ 作为金属配衡离子，以保持矿物电中性。根据 K^+、Na^+ 含量分为

钾长石和钠长石。长石和石英的浮选分离目前主要有 3 种浮选方法，即氢氟酸法、硫酸法和无酸法。分选效果比较好的是氢氟酸法，其次是硫酸法。无酸浮选法，即矿浆的酸碱度是中性或碱性，但因其工艺条件苛刻，至今未能进入工业化应用。

氢氟酸法是用氢氟酸作矿浆 pH 调整剂，pH 值为 2~2.5，一般用胺类作捕收剂。能使长石和石英分选的原因：一是长石晶格中的配衡金属离子 K^+、Na^+ 与氧的键合力弱，易被溶解于矿浆中，使长石表面形成正电荷空洞或是带有负电荷的晶格，对矿浆中的阳离子捕收剂产生静电吸附和分子吸附；二是在长石晶格中 Al^{3+}—O 的键力比 Si^{4+}—O 键力弱，在矿石破磨过程中 Al^{3+}—O 键易断开，在长石表面形成了 Al^{3+} 化学活性区，对阴离子捕收剂有特性吸附。在石英表面仅有微弱的静电和分子吸附。在长石表面的各种吸附互相促进，共同作用，对阴、阳离子捕收剂的吸附量远大于石英表面对捕收剂的吸附量，从而导致长石优先浮出，使长石和石英分选。氢氟酸法分选长石和石英效果好，但这种方法不仅对设备有较强的腐蚀，而且也对生产人员的身体健康有危害，因此氢氟酸法的应用受到了限制。

硫酸法是用强酸（硫酸）作矿浆 pH 调整剂，捕收剂为十二胺、十二烷基磺酸钠，在 pH 值为 2~3 的条件下，pH 值正处于石英零电点附近，比长石零电点（pH 值为 1.5）高。在此条件下长石表面带负电荷，石英表面不带电荷，因而胺类捕收剂吸附在长石表面，不吸附在石英表面，阴离子捕收剂与阳离子捕收剂配合共同吸附，增大了长石表面的疏水性，易浮游；石英表面呈中性，对阴、阳离子捕收剂均不吸附，其表面亲水难浮，硫酸法长石优先浮出的原因中也有长石表面正电荷空洞对阳离子捕收剂吸附，以及长石表面 Al^{3+} 化学活性区对阴离子捕收剂的吸附。硫酸法减轻了对生产人员的危害，但同样存在对设备腐蚀和废酸水处理的问题，因此必须加强中性和碱性条件下能有效分选长石和石英的选矿工艺研究。

在中性介质中，长石和石英均荷负电。但在石英表面仍有局部荷正电区存在，借助于静电力和氢键作用对油酸根离子有微量吸附，这一吸附并不稳定，在抑制剂如六偏磷酸钠作用下，即可脱去表面吸附的捕收剂油酸根。长石对油酸根的吸附主要是 Al^{3+} 的化学吸附，这种吸附是比较牢固的，六偏磷酸钠不能脱除这种吸附的油酸根。长石表面的 Al^{3+} 量少，其疏水性很有限，还达不到使长石优先浮出。但是长石表面吸附的油酸根离子可作为阴离子活性质点再吸附胺类阳离子捕收剂，胺类阳离子捕收剂被牢固吸附在长石表面，使长石优先浮出，达到长石和石英分选的目的。在中性介质中，长石和石英分选的关键是要选择合适有效的抑制剂能解吸石英表面吸附的油酸根离子，又能阻止胺类阳离子捕收剂在石英表面吸附。

　　在 pH 值为 11~12 的碱性矿浆中分选石英和长石，是以碱土金属离子为活性剂，以烷基磺酸盐为捕收剂，可优先浮出石英。同时加入合适的非离子表面活性剂，可明显提高石英回收率。在碱性条件下金属离子与烷基磺酸盐形成的中性配合物（如 $Ca(OH)^+RSO_3^-$）起关键作用，这些中性配合物与游离的磺酸盐离子配合在一起吸附在石英表面上。而在高碱性条件下长石表面形成水合层。目前，中性、碱性条件下分选长石和石英的研究还停留在试验室研究阶段。

　　江西省地矿局实验测试中心曾对某拟建的采选规模为 1000t/d 的钽铌矿山的综合利用进行了试验研究评述。该矿山为大型铌钽钠长石花岗岩矿床，矿石中主要的矿物含量见表 3-19，由表 3-19 可知，该铌钽矿石中金属矿物以铌钽铁矿、锆石、黄铁矿为主，其次为闪锌矿和钍石，非金属矿物以长石、石英、云母为主。矿石中含 Ta_2O_5 为 0.013%、Nb_2O_5 为 0.065%、Li_2O 为 0.125%、Rb_2O 为 0.242% 和 Cs_2O 为 0.013%；其中铌、钽多以铌钽铁矿的形式存在；锂主要以铁锂云母、含锂白云母和锂云母形式存在，在云母中锂的占有率可达 84.52%；铷主要赋存于云母和钾长石中，长石中铷的占有率为 68.4%，云母中铷的占有率为 29.95%；铯仅在云母中有所富集，云母中含 Cs_2O 为 0.13%，为矿石含铯量的 10 倍，在云母中铯的占有率为 53.28%，其余的铯分散在长石、石英等矿物中。

表 3-19　矿石中主要矿物含量　　　　　　　　　（%）

矿物	铌钽铁矿	细晶石	锆石	钍石	黄铁矿	闪锌矿
含量	0.0797	0.0001	0.0962	0.0237	0.0937	0.0317
矿物	铜矿物	方铅矿	辉钼矿	磁铁矿	赤铁矿、针铁矿、褐铁矿	锡石
含量	0.0011	0.0059	0.0031	0.0016	0.0084	0.0059
矿物	黑钨矿	长石	石英	云母	萤石	黄玉
含量	0.0009	76.64	17.35	5.01	0.24	0.11

　　根据矿石性质，采用阶段磨矿阶段选别的重选流程获得铌钽粗精矿，铌钽粗精矿经过"浮-磁"联合的精选流程，最终获得了含 $(Ta,Nb)_2O_5$ 52.41%、$(Ta,Nb)_2O_5$ 回收率为 69.97% 的铌钽精矿。经过铌钽的重选，矿石中的锂、铷、铯等伴生有益组分和云母、长石、石英等非金属矿基本上进入铌钽重选尾矿，为了提高矿石的利用价值采用浮选流程对此铌钽重选尾矿进行了综合利用试验，试验流程见图 3-22。试验中选择硫酸为调整剂，HF 为石英抑制剂，混合胺为云母、长石的捕收剂，以锂的品位、回收率衡量云母的选别指标，以钾、钠、硅的分配率和品位来衡量长石、石英的选别指标。铌钽重选尾矿浮选流程试验结果见表 3-20。试验结果表明铌钽粗选尾矿采用浮选流程进行分选，获得了产率对原矿为 4.657%，含 Li_2O+Rb_2O 为 3.21% 的锂云母精矿；产率对原矿为 66.57%，含 K_2O+Na_2O 为 11.39%、Fe_2O_3 为 0.28% 的长石精矿；产率对原矿为 15.52%，含 SiO_2 为 94.13%、Fe_2O_3 为 0.14% 的石英精矿。钽铌尾矿中 93.92% 的锂、

27.80%的铷和48.93%的铯都富集在锂云母精矿中。

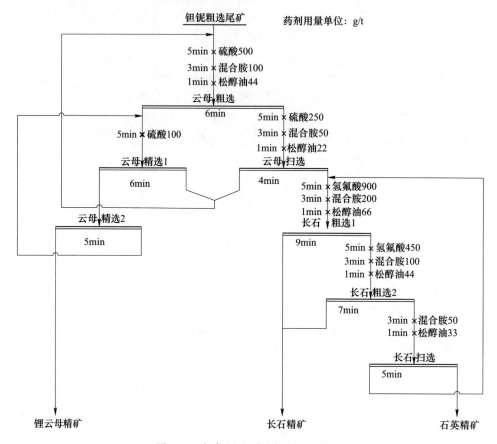

图 3-22　钽铌尾矿浮选闭路试验流程

表 3-20　钽铌粗精矿尾矿浮选闭路流程试验结果　（%）

产品名称	作业产率	品　位							作业回收率		
		Li₂O	Rb₂O	Cs₂O	K₂O	Na₂O	SiO₂	Fe₂O₃	Li₂O	Rb₂O	Cs₂O
锂云母精矿	5.40	2.12	1.09	0.01	8.26	2.23	47.88	2.79	93.92	27.80	48.93
长石精矿	76.60	0.009	0.19	0.00063	3.93	7.46	70.29	0.28	5.52	67.33	43.73
石英精矿	18.00	0.004	0.057	0.00045	0.95	1.05	94.13	0.14	0.56	4.87	7.34
给矿	100.0	0.12	0.21	0.0011	3.63	6.02	73.37	0.39	100.0	100.0	100.0

　　该铌钽矿石有用组分以铌为主，钽品位较低，加上铌的售价较低，铌钽精矿的产值仅占总产值的38.26%；而从铌钽重选尾矿中所获锂云母精矿长石精矿和石英精矿的产值较大，占总产值的61.74%。因此，对于该类型铌钽矿的开发利用，必须重视非金属矿物及其他伴生有益组分的综合回收利用，才能获得较好的经济效益和社会效益。

3.6 细泥的选别工艺

3.6.1 钽铌选厂钽铌细泥的概况

钽铌细泥的选别是提高整个钽铌选别指标的关键，也是目前钽铌选别的难点。在钽铌选别流程中，钽铌细泥有两个来源：

（1）矿泥主要来自预选前的洗矿水，经浓缩后称为原生矿泥；

（2）磨矿以后进入重选段的脱泥作业，这部分细泥经过浓缩后称为次生矿泥，粒度一般小于 0.074mm，在破碎流程中洗矿洗出的原生细泥，粒度小于 0.2mm，一般采用独立的重选流程进行处理。

通常钽铌细泥具有以下的特点：

（1）原、次生细泥中钽铌的含量往往是等于或大于原矿品位；

（2）粒度较细，粒级范围宽；

（3）细泥中钽铌品位低，有价元素多，矿物组成复杂。

表 3-21 为宜春钽铌选矿厂和南平钽铌选矿厂细泥选别情况，由此可以看出细泥的选别是钽铌选厂的薄弱环节，细泥中钽铌的回收率都偏低，是影响钽铌选矿效益的重要因素之一。以典型的宜春钽铌矿为例，该矿的次生细泥虽经过多次实验室试验和工业调试，但均未获得满意的结果。宜春钽铌次生细泥（$-74\mu m$）量平均占给矿量 20.49%，金属占有率为 12.46%，采用离心机+皮带溜槽+摇床回收，由于设备操作要求严格，加上设备运转不正常，获得的生产指标很差：给矿 $(Ta,Nb)_2O_5$ 品位：0.0178%、精矿 $(Ta,Nb)_2O_5$ 品位 22.01%、作业回收率仅 4.29%；之后进行了离心机+浮选+横流皮带选别工艺的工业试验，取得了较好的指标：给矿 $(Ta,Nb)_2O_5$ 品位 0.0142%、精矿 $(Ta,Nb)_2O_5$ 品位 30.21%、作业回收率 33.54%，但由于在浮选中使用的钽铌矿物捕收剂苯乙烯膦酸价格昂贵，造成选矿成本过高，难以实现生产应用；次生细泥生产指标低、金属流失大成为影响该矿经济效益的重要因素之一。

表 3-21 宜春钽铌选矿厂和南平钽铌选矿厂细泥选别情况

选厂	矿泥类型	给矿品位	精矿品位	作业回收率	流程
江西宜春钽铌	原生矿泥	$(Ta,Nb)_2O_5$：0.0378%	$(Ta,Nb)_2O_5$：51.51%	$(Ta,Nb)_2O_5$：51.70%	螺旋溜槽+摇床
	次生矿泥	$(Ta,Nb)_2O_5$：0.016%	$(Ta,Nb)_2O_5$：32.01%	$(Ta,Nb)_2O_5$：5.53%	溜槽+摇床
福建南平钽铌	原生矿泥	Ta_2O_5：0.02%	Ta_2O_5：4.87%	Ta_2O_5：20.19%	螺旋溜槽+摇床精选
	次生矿泥	Ta_2O_5：0.016%	Ta_2O_5：4.42%	Ta_2O_5：2.09%	绒毡溜槽

选别前细泥的归队和浓缩是细泥选别的重要前提。细泥归队率的高低主要与重选段水力分级机的分级和旋流器的脱泥效果有关，若水力分级机和旋流器的脱泥效果差，则细泥归队率低。另外，原生细泥的矿浆浓度一般小于 10%，次生细

泥的矿浆浓度一般小于5%，故浓缩是选别前必不可少的作业，因此浓密机的浓缩效果差，也会造成溢流金属损失。

3.6.2 细泥的选别工艺

钽铌细泥的选矿回收经历了几次重大变革。最初，钽铌选厂的水力分级的溢流不选而丢弃。之后采用单一的铺布溜槽、刻槽摇床回收细泥。随着选矿技术和设备的进一步发展，到了20世纪80年代，大量的新技术和新设备得到推广应用，离心机、湿式强磁选机、各种皮带溜槽、新型选矿药剂等相继研制成功，钽铌选厂及研究院所应用这些新设备和新工艺对细泥选别流程进行试验、调试与流程改造。本节主要介绍几种钽铌细泥回收的典型工艺流程。

3.6.2.1 单一重选流程

根据主要选矿设备与可选粒度范围，适用于处理-0.074mm的主要重选设备有：螺旋溜槽、离心选矿机、摇床、皮带溜槽和绒毡溜槽。在钽铌细泥的选别中，一般螺旋溜槽和离心选矿机被用作粗选设备，皮带溜槽（常为精选中段设备）和摇床作为精选设备。这类流程特点是工艺简单，成本低，因此也是钽铌选厂应用较多的细泥选别流程，其缺点是操作条件要求高，辅助作业多，难管理，回收率低。

福建南平钽铌矿是一个大型花岗伟晶岩矿床，其选矿厂初期规模为600t/d，每日产生原生细泥（原矿洗矿溢流）约23.08吨，对原矿产率为3.85%。原生泥中含Ta_2O_5为0.02%，金属对原矿的占有率为1.99%。原采用铺布溜槽-摇床方法回收钽，所获得精矿含Ta_2O_5为0.1%，作业回收率仅为3.18%，技术经济指标不理想。经试验改为螺旋溜槽粗选-摇床精选的重选流程，如图3-23所示，即原生泥先经三台

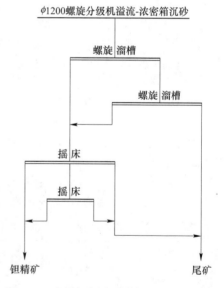

图3-23　南平钽铌矿原生细泥改造后流程

$\phi600$螺旋溜槽选别，然后精矿进入细泥摇床精选，最终获得了含Ta_2O_5为4.87%，系统回收率为20.19%的钽铌精矿，其指标比原工艺有较大幅度的提高。

3.6.2.2 重浮联合流程

重浮联合流程一般采用处理能力大的离心选矿机、螺旋溜槽进行初选，丢弃

大部分的尾矿并脱除微细矿泥再用浮选进行回收。该工艺先预选后再用浮选进行精选，有利于细粒级金属的回收，其分选指标比单一重选流程好，但是由于钽铌浮选药剂费用受市场价格影响，选矿成本波动较大。相比于螺旋溜槽，离心选矿机的回收粒度下限更低，可以回收+10μm物料，但是其操作不如螺旋溜槽容易，须确定最佳的技术参数和操作条件。

　　江西宜春钽铌磨重工段产生的次生细泥占原矿总量的25%左右，其中金属分布率为12%左右，这部分物料粒度细（−0.04mm），平均品位低，含$(Ta，Nb)_2O_5$为0.0152%，因此处理起来困难。该细泥采用单一重选流程回收工艺时，获得的工业生产平均指标为：精矿$(Ta,Nb)_2O_5$品位22.01%、作业回收率4.29%。1991年广州有色金属研究院对该细泥进行试验研究，开发了重浮联合回收工艺。该流程（见图3-24）采用离心机预选，丢弃大量低品位尾矿并脱除微细矿泥，再用浮选进行回收，浮选精矿采用横流皮带溜槽进行精选而获得最终的钽铌精矿产品；工业试验的指标如下：给矿$(Ta,Nb)_2O_5$品位0.0142%、精矿$(Ta，Nb)_2O_5$品位30.21%、作业回收率33.54%。采用该重浮联合工艺比现场单一重选流程优越，细泥精矿品位和回收率分别提高10%和19%，比西德用同样矿样的单一重选流程扩大性试验得到的精矿品位和回收率分别提高了5%和15%，达到了国内外先进水平（具体试验指标见表3-22）。

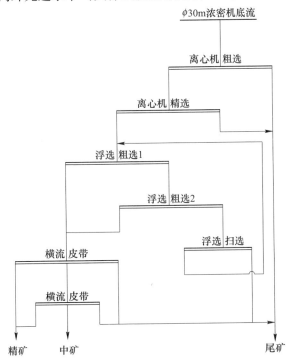

图3-24　"离心机预选-浮选-皮带溜槽精选"工业试验工艺流程图

表 3-22   "离心机预选-浮选-皮带溜槽精选"工业试验指标

原矿 (Ta,Nb)₂O₅ 品位/%	精矿 (Ta,Nb)₂O₅ 品位/%	精矿 (Ta,Nb)₂O₅ 回收率/%			
		离心机作业	浮选作业	皮带溜槽作业	对原矿
0.0142	30.21	48.08	83.77	83.28	33.54

在该"离心选矿机预选-浮选回收钽铌-横流皮带溜槽精选"的工艺流程中，离心选矿机具有脱泥和富集的双重作用，是细泥回收工艺的关键设备，要获得理想的选矿指标，必须确定最佳的技术参数和操作条件。试验所确定的适应宜春钽铌次生细泥的离心选矿机的操作参数及技术指标见表 3-23。试验结果表明，当次生细泥原矿品位 0.0142% 时，经过离心机粗选、精选，可得到品位为 0.0619%、回收率为 48.08% 的粗精矿。其中粗精矿产率约为 15%，丢弃约占 85% 的低品位尾矿，可大大减少进入浮选作业的矿量，提高给矿品位，减少药剂消耗，改善浮选条件，提高浮选效果。离心选矿机选别作业的精矿进入浮选进行进一步的富集，采用苯乙烯膦酸作钽铌浮选的捕收剂，硝酸铅作钽铌活化剂，氟硅酸钠作抑制剂，在矿浆 pH 值为 6 时浮选钽铌，经过两次粗选、一次扫选获得 (Ta,Nb)₂O₅ 品位 1.31%、回收率 83.77% 的选别指标。浮选精矿采用高富集比的精选设备横流皮带溜槽进一步富集，通过横流皮带溜槽作业后，浮选精矿中的钽铌得到显著富集，(Ta,Nb)₂O₅ 品位由 1.31% 提高至 30.21%，作业回收率为 83.28%。

表 3-23   离心选矿机操作参数及技术指标

作业	给矿粒度/mm	给矿量/吨·(台·时)⁻¹	给矿浓度/%	产品名称		(Ta,Nb)₂O₅ 产率/%		(Ta,Nb)₂O₅ 品位/%	(Ta,Nb)₂O₅ 回收率/%	
离心机粗选	-0.074 (超过90%)	0.65~0.70	20~26	精矿		26.01		0.0312	57.13	
				尾矿		73.99		0.0082	42.87	
				给矿		100.0		0.0142	100.0	
离心机精选	—	0.44~0.54	20~25		对作业	对原矿			对作业	对原矿
				精矿	42.45	11.04		0.0619	84.16	48.08
				尾矿	57.55	14.97		0.0086	15.84	9.05
				给矿	100.0	26.01		0.0312	100.0	57.13

3.6.2.3 磁（重）（浮）联合流程

湿式强磁作为细粒级矿石的选别设备具有处理量大、效果好的特点，可有效地回收 10μm 以上的弱磁性钽铌矿物；其给矿量、给矿浓度、给矿粒度的小范围波动对选别指标影响不大，操作比较简单。广西栗木钽铌锡矿曾对 φ500mm 旋流器的溢流进行了高梯度强磁选半工业试验并取得了满意的指标，试验的指标如下：给矿 (Ta,Nb)₂O₅ 品位为 0.01228%~0.0166%、精矿 (Ta,Nb)₂O₅ 品位

1. 210% ~ 1. 488%、作业回收率 51. 22% ~ 49. 40%，富集比高达 98. 53。

广西栗木钽铌锡矿为花岗岩浸染型细粒嵌布，矿石风化严重，有用矿物性质较脆，为使有用矿物分离，必须细磨，导致在生产中 $-74\mu m$ 占 60%，采用单一重选流程回收细泥中的钽铌等金属回收率低。因此，基于上述的钽铌高梯度磁选试验和锡的浮选试验，对细泥选别系统进行了改造。该细泥含（Ta, Nb）$_2O_5$：0. 0185%、Sn：0. 0825%、WO_3：0. 0122%，主要的有用矿物为钽铌铁矿、锡石、黑钨矿、黝洗矿、胶态锡、细晶石；主要的脉石矿物为石英、长石、云母和黄玉等，钽铌在黑钨矿、锡石中的分散率约为 30% ~ 35%。针对该细泥的性质，将原来的离心机-皮带溜槽细泥回收流程改造为高梯度磁选机强磁回收钽铌钨，非磁性产品用离心机进行锡石预富集和抛尾，然后离心选矿机精矿用浮选法回收锡石（具体流程见图 3-25）。

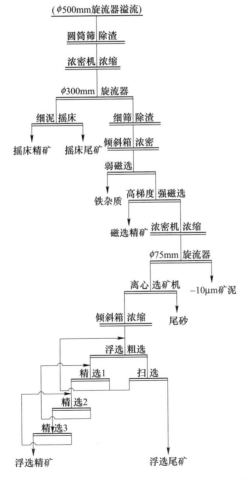

图 3-25 广西栗木钽铌锡矿改造后细泥选别系统

改进后的流程采用了细泥分级选别，进一步强化了细泥的脱渣，为细泥的选别创造良好的条件；对 $\phi500mm$ 旋流器的溢流（ $-74\mu m$ 占 77%）进行了圆盘筛脱屑，用浓密机浓缩后进入 $\phi300mm$ 旋流器，旋流器沉砂给入细泥摇床选别，而溢流用细筛除渣浓密后进入磁选；该流程为了适应不同目的矿物钽铌、钨、锡的分选，使用了有效的细泥回收方法即高梯度强磁选回收钽铌钨和浮选回收锡；同时，该流程采用水力旋流器和离心分选机对强磁尾矿（非磁性部分）进行了脱泥和预先富集，大大减少了进入锡浮选的矿量并改善了浮选环境。改造后细泥系统的技术指标见表 3-24，其细泥回收率比原流程提高，钽铌精矿为 16.10%，锡精矿为 11.90%，钨精矿为 17.98%。

表 3-24　细泥系统改造流程设计主要技术指标

产品名称	产率/%	品位/%			回收率/%		
		$(Ta,Nb)_2O_5$	Sn	WO_3	$(Ta,Nb)_2O_5$	Sn	WO_3
细泥摇床精矿	0.137	0.5692	4.1443	0.5423	4.210	6.873	6.117
高梯度磁选精矿	0.168	1.4540	2.9140	0.8972	13.206	4.469	12.359
浮选精矿	0.109	0.6731	5.5031	0.4650	3.974	7.285	4.164
总精矿	0.414	0.9557	3.7113	0.6659	21.390	18.627	22.64
尾矿	54.586	0.0112	0.0549	0.0070	33.610	36.373	32.36
系统原矿	55.00	0.0185	0.0825	0.0122	55.00	55.00	55.00
选厂原矿	100.00	0.0185	0.0825	0.0122	100.00	100.00	100.00

3.6.3　钽铌细泥回收发展趋势

钽铌细泥的回收是目前钽铌选厂的薄弱环节，对钽铌选矿的经济效益有着重要的影响，尤其是对于低品位细粒嵌布的钽铌矿。因此加强钽铌细泥的选矿工艺研究，对落后的细泥选别工艺和方法进行改进，提高钽铌细泥的回收效率、降低细泥选矿成本是钽铌选矿科研和生产中重要的课题。

3.6.3.1　完善与改进工艺流程

钽铌细泥粒度细、粒级范围宽、品位低，矿物组成比较复杂，往往除了钽铌矿物外还含有黑钨矿、锡石和硫化矿等重矿物。同时，这些重矿物所占比重不同，脉石矿物性质以及矿体矿物特性变化都比较大，这些因素都对钽铌细泥的选别产生了一定的影响。各矿山应根据本矿细泥原料的性质，研究制定合适的细泥选别流程，并加强选矿试验研究工作，确定合理的选矿工艺，及时调整工艺设备和工艺参数，才能保持生产指标的稳定和提高。

3.6.3.2 强化细泥归队、浓缩和分级脱泥措施

细泥归队和浓缩是提高钽铌细泥选别指标的一个重要环节,如重选段分级脱泥效果差,细泥归队率低,浓密机的浓缩效果差,将造成溢流金属损失。严格控制分级脱泥措施,提高重选段脱泥螺旋分级机、水力旋流器和水力分级箱的分级效率,或采用分层次的分级、脱细,加强矿泥集中,提高细泥的归队率。强化脱粗脱渣,为细泥浓缩、分选创造条件,适当减少全场用水量,以提高浓缩前原、次生细泥的矿浆浓度,使浓密机溢流金属损失降低。

3.6.3.3 钽铌选矿新药剂和设备的开发

浮选是细粒矿石选别的有效方法,尽管目前在钽铌浮选药剂研究方面取得了一些进展,但是由于药剂价格太高或环境污染问题,至今还没有在钽铌细泥的回收中得到很好的应用。因此,开发低价、环境友好型的钽铌浮选药剂是浮选法在钽铌细泥选别中应用的关键,也是钽铌选矿科研和生产中的重要课题。

由于经济和环保的考虑,重选日益受到重视,尤其是微细粒重选新设备的开发是目前重选设备的主要研究方向。其中离心选矿机应用高速旋转时产生的强离心力,强化重选过程,使微细粒矿粒得到更加有效的回收,因此在离心力场中分选细粒钽铌是未来钽铌的重选技术研究重点。比如江西宜春钽铌曾对常规的卧式离心选矿机加以适当改造,转鼓内铺设土工布,采用该铺布-离心选矿机一次选别所得指标,超出或接近普通离心选矿机和 MGS 复合重力选矿机一粗一精综合指标,具有富集比高、回收率高的显著特点。

4 钽铌矿的浮选

浮选法是利用矿物表面物理化学性质的差异（特别是表面润湿性），在固-液-气三相界面选择性地富集一种或几种目的矿物的分离方法。

对于钽铌铁（锰）矿或者细晶石类型的钽铌矿，目前国内外对钽铌矿石的回收多采用重选法，重选回收粒度下限一般为 0.037mm，对于小于 0.037mm 的细泥物料回收率很低，甚至不能回收。因此，对于细粒钽铌矿，采用浮选法是极有前途的，但目前工业化应用较少。

对于烧绿石型的铌矿，浮选是其主要回收方法。本章主要讲述了烧绿石、钽铁矿-铌铁矿及其他钽铌矿物的浮选及其浮选原理。

4.1 烧绿石的浮选

4.1.1 烧绿石资源及矿物学

烧绿石又称黄绿石，是获取金属铌和生产铌铁的主要原料，烧绿石资源在全球的分布极不均衡。从当前已开发利用的情况看，烧绿石资源主要集中在巴西和加拿大，其供应占全球铌消费的 95% 以上。目前全球仅有三座烧绿石矿山处于开发状态，分别为巴西的阿拉克萨（Araxa）矿、卡塔拉奥（Catalao）矿以及加拿大的尼奥贝克（Niobec）矿。另外，南非、俄罗斯、乌干达等也有不同规模的烧绿石矿床。这些烧绿石矿床的共同特点是都产出在碱性岩石或碳酸盐复合体中。

烧绿石的化学式为 $(Ca,Nb)_2Nb_2O_6(OH,F)$，理论含 Nb_2O_5 为 73.05%，其中阳离子钙钠常可被铀、稀土、钇、钛、铅等所代替，而成为变种烧绿石，如铀烧绿石、铈铀烧绿石等。烧绿石晶体呈八面体或八面体与菱形十二面体的聚形，颜色为淡黄色至棕黄色，含铀、钛等的烧绿石颜色变深，密度为 $4.03 \sim 5.40g/cm^3$。

从矿石类型上划分，烧绿石主要存在于两种矿石中，即风化残留红土矿和碱性碳酸盐矿石。红土型烧绿石矿是碱性碳酸盐型烧绿石矿的风化残留。矿石中含有大量的红色黏土和破碎的碳酸盐颗粒，黏土颗粒较细，多在 $20\mu m$ 以下。烧绿石基本单体解离，少量存在完整晶形，粒度为 $10\mu m$ 左右。碱性碳酸盐矿为烧绿石的原生矿石，埋深多在 100m 以下。已知的烧绿石矿多为风化矿和原生矿共存，即上层是风化的红土矿，下层为碱性碳酸盐矿。表 4-1 为世界三大烧绿石矿的基本情况介绍。

表 4-1 世界三大烧绿石矿情况

矿山	国家/所属公司	矿床类型	烧绿石种类	储量/资源量	主要脉石矿物
尼奥贝克 (Niobec)	加拿大/加拿大 Magris Resources 公司	碳酸盐型矿床	$(Ca,Na)_2$ Nb_2O_6 (OH,F)	储量 $416.4 \times 10^6 t$ 资源量 $629.9 \times 10^6 t$ 选矿回收率 58%	碳酸盐矿物占到矿石的 64.9%，主要为白云石和方解石；硅酸盐矿物占 21.10%，主要是黑云母、绿泥石、长石和辉石；磷灰石占 6.8%
阿拉克萨 (Araxa)	巴西/巴西矿冶公司 (CBMM)	碳酸盐复合矿床（目前开采为上层风化残留红土矿）	$(Ba,Sr)_2$ $(Nb,Ti)_2$ $O_6(OH,F)$	风化壳储量 $808 \times 10^6 t$ 下部原生资源量 $1800 \times 10^6 t$ 选矿回收率 60%~70%	针铁矿、褐铁矿等弱磁性铁矿占 36%，重晶石占 20%，磁铁矿占 16%，钛铁矿占 5%
卡特拉奥 (Catalao)	巴西/中国洛钼集团 (CMOC)	碳酸盐型矿床	$(Ca,Na)_2$ Nb_2O_6 (OH,F)	储量 $44.3 \times 10^6 t$ 资源量 $62.9 \times 10^6 t$ 回收率 55%	方解石，白云石等碳酸盐类矿物占 34%，长石、云母、闪石等硅酸盐类矿物占 40%，磁铁矿、铁钛矿等占 10% 左右

4.1.2 烧绿石选矿工艺

烧绿石矿的选矿方法主要是采用浮选，辅以磁选和水冶。矿石类型与性质不同，其具体选矿工艺也不同，下面具体介绍目前工业所应用的烧绿石浮选流程及目前烧绿石选别工艺中存在的问题。

4.1.2.1 脉石反浮选-铌浮选流程

对于含有碳酸盐脉石（主要为方解石）较多的烧绿石矿（如加拿大尼奥贝克烧绿石矿）则采用了该流程，即首先采用反浮选的方法预先脱除碳酸盐，其目的在于减少碳酸盐矿物对后续烧绿石浮选的影响，以免影响后续烧绿石浮选矿浆 pH 值的调控及减少酸耗量。碳酸盐的反浮选通常用脂肪酸作捕收剂，硅酸钠和淀粉作烧绿石的抑制剂，在 pH 值为 8~9 的条件下浮出碳酸盐。在脱除碳酸盐脉石后，进入烧绿石浮选段，烧绿石的浮选通常采用胺类捕收剂，采用氟硅酸钠和草酸作烧绿石的活化剂/或硅酸盐脉石的抑制剂，在粗选矿浆 pH 值为 5~6 的条件下浮选烧绿石，烧绿石粗精矿的精选则随着精选次数的增多，精选矿浆 pH 值逐渐降低，pH 值可降至 2.7。对于含易浮硅酸盐脉石矿物（如云母）较多的烧绿石矿（如巴西卡塔拉奥矿），首先可采用醚胺作为硅酸盐捕收剂，淀粉做抑制剂，在矿浆 pH 值为 10~11 的条件下进行反浮选脱除硅酸盐，为后续胺类捕收剂浮选烧绿石做准备。

4.1.2.2　烧绿石直接浮选流程

巴西阿拉克萨矿采用了烧绿石直接浮选流程，该矿是碳酸盐原矿经过风蚀作用得到的风化矿，在风化蚀变过程中碳酸盐矿分解浸出，硅酸盐矿转入泥土，因此该矿石中碳酸盐（和硅酸盐）脉石含量少，可采用烧绿石直接浮选的流程，而无须预先进行脉石反浮选脱除。烧绿石直接浮选的药剂制度与上述的脉石反浮-铌浮选流程中的烧绿石浮选的药剂制度类似，即采用胺类捕收剂，在酸性条件下进行烧绿石的浮选，矿浆 pH 值的调控可采用盐酸、草酸、氢氟酸。

4.1.2.3　目前烧绿石选矿工艺存在的问题

目前烧绿石的选别工艺主要存在以下问题：

（1）通常需要多段脱泥，脱泥作业铌的损失较大，如加拿大尼奥贝克烧绿石矿采用两段脱泥作业，在脱泥中烧绿石的损失率高达 15%。

（2）选别流程复杂，往往不但包括脉石反浮选、铌浮选作业，还包括除铁、浮选脱硫以及水冶除杂这些步骤。

（3）烧绿石的浮选作业采用胺类捕收剂，在酸性条件下进行的，其精选的矿浆 pH 值更是低至 2.7，其酸耗量大，尤其是含大量碳酸盐脉石的原矿，未脱除干净的碳酸盐矿物会耗费大量的酸，并且对设备的腐蚀性也较大。

因此，基于目前烧绿石选别工艺的问题，目前的研究重点在于：

（1）烧绿石选别流程的简化，如 Ni 等针对加拿大尼奥贝克烧绿石矿采用羟肟酸代替胺类捕收剂以达到简化烧绿石浮选流程的目的。

（2）碳酸盐反浮选的脱除效率以及烧绿石的浮选效率的提升。

4.1.3　烧绿石浮选药剂

烧绿石的浮选首要的是浮选药剂的问题，浮选药剂与烧绿石的选别工艺密切相关，本节主要介绍目前（或曾经）在工业上应用过的以及文献中记载报道的烧绿石浮选药剂。

4.1.3.1 捕收剂

A 脂肪酸类

脂肪酸的结构式为 R—COOH，其被广泛应用于氧化矿的浮选，如磷灰石、锂辉石、萤石、赤铁矿等的浮选。在烧绿石矿的选别中，脂肪酸常被用作反浮选脱除碳酸盐及磷矿物的捕收剂。在脂肪酸反浮选脱除脉石的作业中，为实现碳酸盐脉石矿物的选择性脱除，通常需加入淀粉、水玻璃作为烧绿石的抑制剂。另外，Pol'kin 等研究发现，硫化钠和氢氧化钠可将吸附在烧绿石表面的油酸钠解吸。

B 胺类

目前工业上烧绿石浮选用胺类阳离子作捕收剂。胺类捕收剂在水中可电离出带正电的铵离子，这种带正电的铵离子与矿物表面作用从而使矿物疏水上浮，故称阳离子捕收剂。根据美国关于烧绿石浮选的一份专利报道，可以采用碳链长度为 10~22 的二元胺醋酸盐型捕收剂浮选烧绿石，通过添加抑制剂、调整剂浮选，在原矿品位 0.90%~1.05% 的情况下，可以获得精矿品位 54.5%，回收率 75.0% 烧绿石精矿。Burks 采用含有 14~20 碳链的二元脂肪胺作为捕收剂（如 Amine 220），能实现烧绿石与石英、方解石、磷灰石的浮选分离。目前工业上常用脂肪二胺醋酸盐作为烧绿石的捕收剂，其结构式如下：

$$R-C \underset{N}{\overset{N-CH_2}{\lesssim}} \underset{CH_2-CH_2-NH-\underset{O}{\overset{}{C}}-R'}{|}$$

用胺类作烧绿石捕收剂时，矿浆 pH 值、水质及烧绿石的化学组成对其浮选性能有很重要的影响。S. R. RAO 等曾以仲胺为捕收剂，研究了矿浆 pH 值、水质对烧绿石及常见伴生硅酸盐矿物浮选的影响，研究发现在 pH 值为 2~6 时，随着 pH 值的增大，烧绿石的可浮性变化不大，而硅酸盐脉石矿物的可浮性增强，特别是烧绿石和钾长石的选择性分离，其浮选矿浆 pH 值需调至 2 左右。回水可严重影响浮选指标，添加草酸调节 pH 值，草酸可络合回水中的 Ca^{2+}、Mg^{2+}，从而降低回水对浮选指标的影响。另外，通过离子交换法处理回水，脱除回水中的残余有机药剂也可提高烧绿石的选择性。Chelgani 等通过表面检测手段和浮选试验研究发现烧绿石表面含铁多不利于胺类的吸附，因此表面含铁较多的烧绿石比含铁量少的烧绿石可浮性差。

随着烧绿石浮选研究的不断深入，研究者们发现了一些新型的胺类捕收剂，如 Biss 等将 1-脂肪酸酰胺乙基-2-烷基咪唑啉用作烧绿石的捕收剂；Bush 等用邻苯二酚和胺类捕收剂混用以提高烧绿石的浮选效率，对含 Nb_2O_5 为 0.7%的烧绿石原矿，当其粗选作业精选作业添加 900g/t 的邻苯二酚作辅助捕收剂时，经过一次粗选和一次精选就可获得含 Nb_2O_5 为 23.3%、回收率为 53.8%的精矿。

C　羟肟酸类

羟肟酸是一种典型的螯合捕收剂，具有一个肟基，其能与 Nb^{5+}、Ta^{5+}、Fe^{3+} 和 Ti^{4+} 等金属离子形成稳定的金属螯合物，如图所示：

$$\overset{|}{\underset{|}{Fe}}(Nb,Ti)-OH+HO-\overset{\overset{R}{|}}{\underset{\underset{O^--N}{||}}{C}} \longrightarrow \overset{|}{\underset{|}{Fe}}(Nb,Ti) \overset{O-\overset{R}{\underset{||}{C}}}{\underset{O-N}{\diagup}}$$

因此可用作烧绿石、钽铌铁（锰）矿和黑钨矿等金属矿物的浮选捕收剂。目前工业上所用的羟肟酸捕收剂主要包括烷基羟肟酸和芳基羟肟酸。早在 20 世纪 60~70 年代，Glrlovskii 和 Bogdanov 等人进行了采用烷基羟肟酸 IM-50 从脱硫钙的尾矿中回收烧绿石的研究，获得烧绿石精矿的品位提高了 9 倍，铌回收率能达到 78%~79%，该类药剂最佳浮选 pH 值在 6.5~7 之间，对烧绿石和钛铁矿表现出了很好的选择性；1987 年，Espinosa Gomez 等研究了以苯甲羟肟酸和 N-苯甲酰-N-苯基羟胺为捕收剂时烧绿石、黑云母及微斜长石单矿物的可浮性，结果两种捕收剂对烧绿石均有较好的选择性，但捕收剂用量较大。Ni 等人对异辛基羟肟酸用于烧绿石浮选进行了大量的研究，研究表明采用六偏磷酸钠作为抑制剂，AERO 6493 为捕收剂，粗选产品产率能降至 47%，铌回收率高达 95%，但在精选作业采用相同药剂制度后，仅能获得品位为 21.40%，回收率 28.5%的精矿产品，精矿中大量铁氧矿物及硅酸盐矿物进入到精矿中；异辛基羟肟酸在烧绿石和方解石之间表现出很好的选择性，有利于从碳酸盐矿物中富集烧绿石，但对于含铁氧化矿以及硅酸盐矿物有较强捕收能力，导致精选无法获得高品位、高回收率精矿产品，但采用羟肟酸 AERO 6493 用量要远高于胺类捕收剂。Ni 等人试验研究表明，水杨羟肟酸及苯甲羟肟酸是另一种潜在的烧绿石的捕收剂，因为苯基比烷基羟肟酸中的烃基的极性更强，该类捕收剂的选择性较强，但相比烷基羟肟酸捕收能力较弱。胡红喜等人对非洲某烧绿石研究表明，采用羟肟酸类捕收剂 GYX，硫酸调浆，改性水玻璃、硝酸铅、OA 作为调整剂，给矿铌品位 0.26%的情况下，能获得铌品位 27.93%，作业回收率 86.97%的铌精矿，羟肟酸类捕收剂 GYX 在其中表现出了很好的选择性。Ni 和 Glrlovskii 等人研究均表明，烧绿石浮选过程，在简化工艺流程，取消脱泥作业方面羟肟酸类捕收剂表现出巨大的优势，关键在于找到合适的铁氧化物和硅酸盐矿物的抑制剂，防止这类杂质矿物进入到精矿产品中。Ni 等人利用 X 射线光电子能谱（XPS）技术研究了辛基羟肟酸在烧绿石和方解石表面的吸附，结果表明辛基羟肟酸在烧绿石表面既有化学吸附，也有物理吸附，而在方解石表面只有物理吸附。

D 膦酸类捕收剂

膦酸在水溶液中的溶解度随 pH 的改变而改变，一般在碱性介质中溶解度大，原因是易生成了碱金属盐。因膦酸与 Ca^{2+}，Fe^{2+}，Fe^{3+}，Sn^{2+} 等金属离子可生成难溶盐，故膦酸盐也可以作为烧绿石的捕收剂。异辛基膦酸盐浮选烧绿石的结果表明，用量为 50mg/L 时，在 pH 值 1.5~5.0 范围内，烧绿石回收率为 90% 以上，随着 pH 值的增加，其回收率下降，在 pH 值 5~6，用异辛基膦酸钠时，烧绿石基本上不浮。Ni 等人采用双膦酸为捕收剂，进行了烧绿石、方解石、微斜长石、黑云母的单矿物试验，在 pH 值为 7 时，方解石的可浮性要优于烧绿石；pH 值为 4 时，烧绿石可浮性优于石英，然而由于酸的消耗和矿浆 pH 值的不稳定，方解石无法在该 pH 值下进行浮选。

E 其他捕收剂

Espinosa 对磺化琥珀酸盐 CA540 进行了烧绿石浮选的研究，研究表明采用 CA540 作为捕收剂，酒石酸作为抑制剂，采用尼奥贝克的矿样和现场饮用水，CA540 对烧绿石表现出了较好的选择性，但选择性要比羟肟酸类差，使用现场循环水，药剂消耗会进一步增加，同时选择性也变差。Bulatovic 提出了羟基喹啉作为捕收剂在烧绿石浮选中的应用，在 1959 年 Last 和 marquardson 对 8-羟基喹啉作为烧绿石捕收剂申请了相关专利，1979 年 Wilson 提出 5-羟基喹啉浮选烧绿石效果要好于 8-羟基喹啉，并申请相关专利，但羟基喹啉在工业中也未见使用，但同样这两类捕收剂仅在实验室范围内使用，未见工业应用。

目前在运营的三大矿山中，烧绿石浮选均采用的是胺类捕收剂，尼奥贝克采用乳化脂肪二胺醋酸盐作为捕收剂，阿拉克萨采用醋酸铵作为捕收剂，卡特拉奥采用乙酰氨基二胺作为捕收剂。羟肟酸类捕收剂的使用目前在实验室范围内较为广泛，虽在工业应用较少，但未来在烧绿石等铌矿的回收方面有很大的应用前景和空间。

4.1.3.2 调整剂

草酸是以阳离子为捕收剂浮选烧绿石时脉石矿物的有效抑制剂，现如今在尼奥贝克选厂中已有应用。草酸在烧绿石浮选中可以起到抑制脉石矿物、活化烧绿石以及调节矿浆 pH 值的作用。但 Gorlovskii 等研究发现，当用羟肟酸类捕收剂ИМ-50 时，草酸作为调整剂，也可以获得高品位的铌精矿，用草酸作为调整剂所得的精矿的指标要好于盐酸。Bulatovic 通过药剂用量试验指出增加草酸用量有利于提高烧绿石的品位和回收率，但增加氟硅酸的用量反而降低了烧绿石的回收率。与其他调整剂相比，草酸的价格较高，而且当矿石中含有大量的碳酸盐，会与草酸形成草酸钙，易在设备和管道上结垢。在作用机理方面，Espinosa 等人指出草酸对硅酸盐矿物的抑制作用不是通过改变硅酸盐矿物表面的等电点实现的，是草酸自身选择性的吸附在硅酸盐矿物表面，阻碍了捕收剂在硅酸盐矿物表面吸附，或者是当将 pH 值调至 2.5 左右，烧绿石等电点附近时，在草酸存在的情况下，胺类捕收剂更倾向于和烧绿石结合。

氟硅酸作为调整剂已经在阿拉克萨和卡特拉奥两个矿山工业应用，以胺类捕收剂浮选烧绿石，氟硅酸对脉石矿物表现出很好的抑制效果，Eapinosa、Razvozzhaev、Bulatovic 等学者指出氢氟酸、氟硅酸在烧绿石浮选过程中起到了 pH 值调整剂、烧绿石活化剂或硅酸盐脉石矿物的抑制剂的作用。Fergus 等指出加入氟硅酸可以提高以油酸钠为捕收剂的铌铁矿回收率，其机理是氟硅酸可以"清理"矿物表面，有利于捕收剂的吸附，Gibson 等人也认为氟硅酸在烧绿石浮选过程中同样起到了清理矿物表面的作用。

六偏磷酸钠是一种常用的抑制剂。六偏磷酸钠具有很强的活性，在水中可电离产生阴离子，可以和溶液中存在的 M^{n+}（M^{n+} 指金属离子，$n=1$、2、3、4）或者矿物表面晶格中的 M^{n+} 进行络合反应而生成络合物，当这些络合物在矿物表面吸附后矿物表面的电负性增大。Ni 等人对六偏磷酸钠在烧绿石和方解石等矿物表面的吸附机理进行了研究，通过 FITR、XPS 和 Zeta 电位等检测发现，六偏磷酸钠在烧绿石上没有很强的吸附，当六偏磷酸钠存在时，烧绿石和方解石的 Zeta 电位都降低，烧绿石的 Zeta 电位是在酸性条件下降低的，而方解石的 Zeta 电位与 pH 值无关。冯其明等研究发现，在油酸体系下，六偏磷酸钠未大量吸附在方解石表面，而是在其作用下方解石表面的 Ca^{2+} 从固相转入液相，减少方解石表面捕收剂吸附的活性点，从而实现方解石的选择性抑制。六偏磷酸钠与 Ca^{2+} 形成的螯合物 $Na_2Ca_2(PO_3)_6$ 具有极高的稳定性和水溶性。但该类抑制剂仅在实验室范围内进行了相关试验研究，未见工业应用。

4.1.4　烧绿石选厂工艺及药剂总结

在运行的三个矿山，尼奥贝克及卡特拉奥均采用了反浮选的方法脱除杂质及脉石矿物，而阿拉克萨是直接对烧绿石进行浮选。三个矿山矿石性质的差异导致浮选工艺流程的差异。尼奥贝克和卡特拉奥脉石矿物中含有大量碳酸盐矿物，因此浮烧绿石之前进行了反浮选脱碳酸盐，主要目的是减少后续烧绿石浮选作业的酸耗，同时防止草酸钙沉淀；卡特拉奥矿同时含有大量硅酸盐矿物，胺类捕收剂对硅酸盐矿物同样具有捕收效果，为了将精矿中二氧化硅含量降至标准以内，因此在烧绿石浮选之前增加了反浮选脱硅酸盐作业；在目前的药剂制度下，细泥对烧绿石浮选干扰严重，胺类捕收剂会优先吸附在细泥表面，因此在烧绿石浮选之前需将细泥脱除掉，三个选厂均有多段脱泥作业；胺类捕收剂对铁矿物具有捕收作用，因此浮烧绿石前均需进行除铁作业（三大烧绿石选厂详细的选别工艺见本书第6章）。另外三个选厂采用的烧绿石浮选药剂制度比较类似，均采用胺类作为捕收剂，采用盐酸、草酸、氟硅酸进行pH值的调节，具体烧绿石浮选药剂制度如表4-2所示。

表4-2 三大烧绿石选厂浮选作业药剂制度汇总

选厂	铌浮选捕收剂	铌浮选活化剂	pH值调整剂	抑制剂	粗选pH值	精选pH值	精矿品位（Nb_2O_5）/%
阿拉克萨	醋酸二胺脂（Acetatediamine T50）	氟硅酸钠	盐酸	Canasol1640/MC553	3.5	2.5	55~60
尼奥贝克	醋酸二胺脂	氟硅酸钠	草酸	聚丙烯酰胺+硅酸钠	4	2	50
卡特拉奥	乙酰氨基二胺（Acetatediamine T50）	氟硅酸	盐酸	—	5.8	2.7	55

4.2 钽铌铁矿的浮选

4.2.1 钽铁矿-铌铁矿的表面性质

钽、铌铁矿族矿物的化学式为（Fe,Mn）（Nb,Ta）$_2O_6$，成分中的Fe与Mn、Nb与Ta分别为完全类质同象，依Fe与Mn和Nb与Ta原子数的二等分法分为4个亚种，包括铌铁矿（铌钽摩尔比>1，铁锰摩尔比>1）、铌锰矿（铌钽摩尔比>1，铁锰摩尔比<1）、钽铁矿（铌钽摩尔比<1，铁锰摩尔比>1）、钽锰矿（铌钽摩尔比<1，铁锰摩尔比<1）。其晶体结构中氧作近似4层最紧密堆积，铌、钽、铁、锰离子位于八面体空隙，组成两种不同八面体的氧化物，其一为（$Nb^{5+}·Ta^{5+}$）O_6八面体，其二为（Fe^{5+},Mn^{5+}）O_6，Nb和Ta之间、Fe和Mn之间可无限互代。每个八面体和另外三个八面体共棱联结，其中与两个八面体共棱形成平行c轴的锯齿状八面体链，并与第三个八面体共棱联结，链与链之间形成平行（100）晶面的网层。在a轴方向（Nb^{5+},Ta^{5+}）O_6八面体和（Fe^{5+},Mn^{5+}）O_6八面体按1:2的比例相互交替排列。纯的钽铁矿-铌铁矿的化学性质稳定，难溶于水，在pH值为1~14的区间内，钽铁矿-铌铁矿表面离子几乎不溶出。

矿物表面的荷电主要是由于矿物表面离子在水中与极性水分子相互作用，根据钽铌铁矿的晶体结构与其可溶性，其在水中的荷电机理如下：在水中首先形成羟基化表面（M—OH），H^+在矿物表面吸附或离解，进一步形成质子化表面或去质子表面，使得表面荷正电或负电。在不同环境中，随着溶液中浓度的变化，形成的质子化表面和去质子表面比例发生变化，从而表现出不同的表面电性，当质子化表面和去质子表面的比例为1时，整个表面表现为电中性，此时对应的矿浆

pH 值即为矿物零电点。破碎后的钽铌铁矿断裂面暴露的大量铁、锰、钽、铌离子，可在水中形成羟基化表面，在不同 pH 值下发生如图 4-1 所示的反应而使表面荷电。

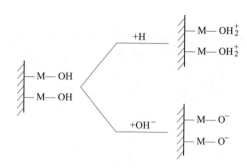

图 4-1 钽铌铁矿表面荷电机理示意图

4.2.2 钽铁矿-铌铁矿浮选药剂

钽铁矿-铌铁矿的浮选首要的是浮选药剂问题，其中尤为重要的是捕收剂，为此本节按捕收剂的类型结合调整剂进行介绍。近年来，国内外许多学者在钽铁矿-铌铁矿浮选药剂方面进行了大量的研究工作，如螯合捕收剂铜铁试剂、α-亚硝基-β-萘酚、羟肟酸类、脂肪酸类捕收剂、膦酸类捕收剂、胂酸类捕收剂等，具体见表 4-3。

表 4-3 钽铁矿-铌铁矿浮选捕收剂研究情况

捕收剂	分子式	研究内容	应 用
油酸钠	$CH_3(CH_2)_7 \!=\! CH(CH_2)_7COONa$	浮选、吸附机理	单矿物、人工混合矿试验
烃基膦酸	$R\text{-}PO_3H_2$	浮选、吸附机理	单矿物、实际矿试验及工业试验
双膦酸	$PO_3H_2\text{-}R\text{-}PO_3H_2$	浮选、吸附机理	单矿物试验
胂酸类	$R\text{-}Na_2AsO_3$	浮选	实际矿试验
羟肟酸类	$RCONHOH$	浮选、吸附机理	单矿物、实际矿试验
烷基硫酸钠	$R\text{-}O\text{-}SO_3Na$	浮选	单矿物试验
铜铁试剂	$C_6H_5N(NO)(ONH_4)$	浮选	单矿物试验
α-亚硝基-β-萘酚	![structure]	浮选	单矿物试验

捕收剂	分子式	研究内容	应 用
烷基磺化琥珀酰胺酸盐	$\begin{array}{c}\text{COONa}\\|\\\text{HC}-\text{CH}_2\cdot\text{CON}\\|\\\text{SO}_3\text{Na}\end{array}\begin{array}{c}\text{CH}_2-\text{COONa}\\|\\\text{CH}-\text{COONa}\\|\\\text{C}_{18}\text{H}_{37}\end{array}$	浮选	实际工业应用（伯尼克湖钽矿选厂细泥）
烷基氨基次甲基膦酸	$\begin{array}{c}R\\\backslash\\N-\text{CH}_2\text{PO}_3\text{H}_2\\/\\R\end{array}$	浮选、吸附机理	单矿物、实际矿试验
8-羟基喹啉	（8-羟基喹啉结构式 N，OH）	浮选	单矿物试验

4.2.2.1 脂肪酸捕收剂

脂肪酸是应用最广的氧化矿捕收剂，其结构式为 R =COOH，其中油酸（皂）是最常用的脂肪酸捕收剂，在铁矿、磷矿、萤石矿、铝土矿等各种氧化矿及盐类矿物浮选中具有工业化应用。其主要特点是捕收能力强，但也存在着选择性较差、不耐硬水以及对温度敏感等缺点。

1959 年波立金 С И 等人曾系统地研究了油酸钠、十三烷酸钠作捕收剂时，铌铁矿-钽铁矿及常见伴生矿物的浮游性（具体见图 4-2）。由图 4-2 可知，十三烷酸钠的捕收能力比油酸钠差，十三烷酸钠在酸性介质中对铌铁矿-钽铁矿的捕收能力较强，油酸钠浮选铌铁矿-钽铁矿的最佳 pH 值为 6~8，在过酸、过碱条件下均受到抑制。用油酸钠浮选时，在整个矿浆 pH 值范围内，石英、钠长石和白云母可浮性较差，而电气石、石榴石和钛铁矿的可浮性与铌铁矿-钽铁矿相当。同时，该研究比对了以油酸钠为捕收剂时不同粒度的铌铁矿-钽铁矿的可浮性，试验结果表明（图 4-3）对于铌铁矿-钽铁矿其最佳浮选粒级为 -0.15+0.05mm；-0.05mm 的细粒级的铌铁矿-钽铁矿仅在油酸钠浓度为 50mg/L 以上时，才可成功地浮选，而对于 -0.15+0.05mm 粒级则在油酸钠浓度为 13.3mg/L 时，铌铁矿-钽铁矿就可以完全回收到泡沫产品中。

另外，波立金 С И 等人研究了在铌铁矿-钽铁矿与其他矿物混合矿体系中，油酸钠捕收剂的浮选效果。用油酸钠为捕收剂在蒸馏水中浮选铌铁矿-钽铁矿、石英、钠长石和白云母混合物的试验结果表明，采用分批加药与分批刮泡的方式，对于铌铁矿-钽铁矿含量为 16.6% 的混合矿（原矿），当油酸钠的加药量为 1000g/t 时，浮选精矿中铌铁矿-钽铁矿的品位为 31%，回收率为 86.7%。表 4-4

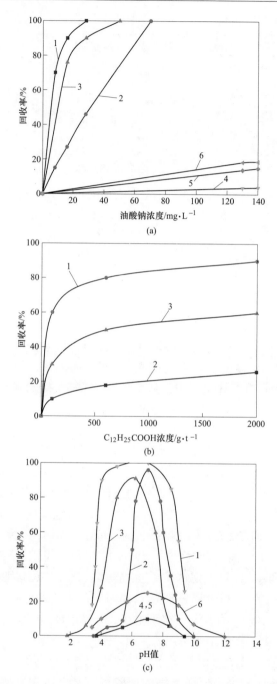

图 4-2 油酸钠用量对铌铁矿-钽铁矿及常见伴生矿物的浮游性的影响（a）、
十三烷酸钠用量对铌铁矿-钽铁矿及常见伴生矿物的浮游性的影响（b）及
以油酸钠为捕收剂时矿浆 pH 值对铌铁矿-钽铁矿及常见伴生矿物的浮游性的影响（c）
1—电气石；2—钽铁矿；3—石榴石；4—石英；5—钠长石；6—白云石

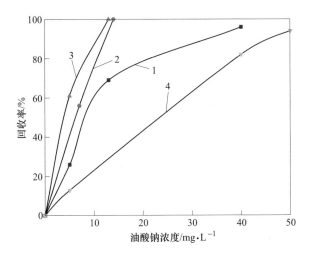

图 4-3 以油酸钠为捕收剂时不同粒度的铌铁矿-钽铁矿的可浮性
1—-0.217+0.15；2—-0.15+0.1；3—-0.1+0.05；4—0.05

表 4-4 用油酸钠从人工混合矿中浮选铌铁矿-钽铁矿的试验结果

产品	指标/%			试 验 条 件
	产率	铌铁矿-钽铁矿		
		品位	回收率	
精矿	26.5	50.20	95.0	油酸钠用量 1600g/t、氟硅酸钠用量 1000g/t、
尾矿	73.5	0.95	5.0	蒸馏水
原矿	100.0	14.00	100.0	
精矿	26.0	50.70	94.0	油酸钠用量 1600g/t、氟硅酸钠用量 1000g/t、
尾矿	74.0	1.13	6.0	水玻璃 100g/t、自来水
原矿	100.0	14.00	100.0	
精矿	25.0	52.40	93.5	油酸钠用量 1600g/t、氟硅酸钠用量 200g/t、
尾矿	75.0	1.20	6.5	水玻璃 1000g/t、工业试验滤液
原矿	100.0	14.00	100.0	

为油酸钠作捕收剂，水玻璃或氟硅酸钠为调整剂时，在不同浮选用水条件下从复杂混合矿（电气石、石榴石、钠长石、石英）中浮选铌铁矿-钽铁矿的试验结果。试验结果表明以油酸钠为捕收剂时，水玻璃、氟硅酸钠等调整剂可提高混合物中铌铁矿-钽铁矿的浮选指标，可减少水质对过程指标的影响，其机理为氟硅酸钠调整剂可与矿浆中的阳离子化合为难溶的化合物从而减少矿浆中阳离子对浮选的影响。

浮选药剂与矿物表面相互作用机理的研究是矿石浮选理论和浮选实践的主要问题之一。波立金 С И 等人在系统的浮选试验研究的基础上，研究了油酸钠在铌铁矿-钽铁矿表面的吸附与解吸。试验结果表明在油酸钠在铌铁矿-钽铁矿表面的吸附相当牢固，某些部分显然是化学结合，其他部分为吸附固着，其化学结合的方式为油酸钠与铌铁矿-钽铁矿表面的铁锰形成油酸盐。

4.2.2.2　膦酸类捕收剂

膦酸类捕收剂是一种重要的氧化矿捕收剂，包括磷酸酯、烃基膦酸和双膦酸。其中磷酸酯有三种即磷酸单酯、磷酸二酯和磷酸三酯，其中磷酸单酯的捕收性能较好，磷酸三酯捕收能力很弱，一般只能作为辅助捕收剂。至今为止，烃基膦酸捕收剂以苯乙烯膦酸最为典型，苯乙烯膦酸可与 Fe^{3+}、Mn^{2+} 和 Sn^{2+} 等离子生成难溶盐，对 Ca^{2+}、Mg^{2+} 相对不敏感，在 $5 \times 10^{-2} mol/L$ 才能形成盐，是钽铁矿-铌铁矿、锡石、黑钨矿和钛铁矿的有效捕收剂，但由于其合成过程中涉及氯气、三氯化磷等原料，其生成过程污染较大，要求严格控制。双膦酸类是一类值得重视的氧化矿捕收剂，其浮选性能比脂肪酸好，选择性较高，用量少，基本无毒或低毒，是钽铁矿-铌铁矿、黑钨、锡石等氧化矿的优良捕收剂，但由于其原料成本较高，导致药剂价格较高，目前工业化应用较少见。

$$PCl_3 + Cl_2 \longrightarrow PCl_5$$

任瑌等人曾系统地研究对比了苯乙烯膦酸与双膦酸作为捕收剂时铌铁矿与白云石的浮选行为（试验结果见图 4-4）。试验结果表明双膦酸对铌铁矿的选择性和捕收性能均优于苯乙烯膦酸。以苯乙烯膦酸作铌铁矿的捕收剂时，其最佳浮选矿浆 pH 值为 4.5~5.5，以双膦酸作铌铁矿的捕收剂时，其最佳浮选矿浆 pH 值为3~5；当矿浆 pH 值为 5，苯乙烯膦酸的用量为 800mg/L 时，铌铁矿的回收率为 60%；当矿浆 pH 值为 4 时，双膦酸的用量为 140mg/L 时，铌铁矿的回收率达到 85% 以上。另外，任瑌等人的研究表明，以双膦酸为捕收剂浮选分离铌铁矿和白云石时，PDC（合成丹宁-2 与水玻璃按 1:1 的混合物）是白云石的有效抑制剂，其对白云石的抑制远强于铌铁矿，其选择性抑制作用远优于六偏磷酸钠、羧甲基纤维素和草酸。

膦酸在水中的溶解度随 pH 值改变而改变，一般在碱性介质中溶解度好，实际上是形成了碱金属盐而溶解。根据软硬酸碱规则，钽铁矿-铌铁矿所含的 Ta^{5+}、Nb^{5+}、Mn^{2+} 属硬酸范畴，Fe^{2+} 属中间酸范畴，而膦酸属中间碱，故膦酸可以稳定吸附在钽铁矿-铌铁矿表面而获得捕收。红外吸收光谱和 X 射线光电子能谱分析研究双膦酸对铌铁矿的作用机理的结果表明，该吸附主要为化学吸附。

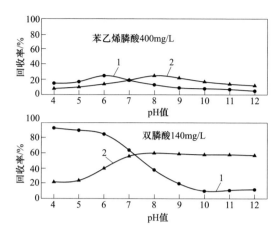

图 4-4　苯乙烯膦酸与双膦酸作为捕收剂时铌铁矿与白云石的浮选行为
1—铌铁矿；2—白云石

　　苯乙烯膦酸曾被用于宜春钽铌难选次生细泥的工业试验，细泥的选别采用离心机选别-单槽浮选-横流皮带精选流程，细泥的浮选作业以硝酸铅和氟硅酸钠为调整剂，苯乙烯膦酸为捕收剂，起泡剂为松醇油（具体流程见图 4-5）。获得的

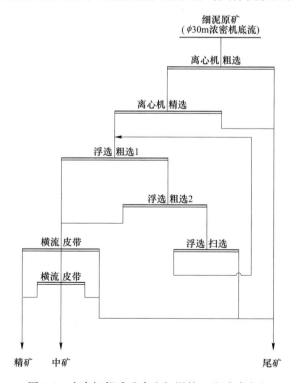

图 4-5　宜春钽铌难选次生细泥的工业试验流程

指标平均为：浮选给矿（Ta, Nb）$_2$O$_5$ 品位为 0.065%，精矿（Ta, Nb）$_2$O$_5$ 品位 1.31%，浮选作业回收率 83.77%。然而，尽管该浮选流程简单，过程稳定，容易操作，用于生产比较现实，但由于浮选药剂费用受市场价格影响，选矿成本波动较大。

4.2.2.3　羟肟酸类捕收剂

羟肟酸及其盐类是一种典型螯合捕收剂。其分子式为 RCONHOH（其中 R 可以是烷基，也可以是芳基）。

羟肟酸是一种相当活泼的有机弱酸，通常以酮式（羟肟酸）或烯醇式（氧肟酸、异羟肟酸）两种形式存在：

$$R - \overset{\overset{\textstyle O}{\|}}{C} - NHOH \rightleftharpoons R - \overset{\overset{\textstyle OH}{|}}{C} = NHO$$

氧肟酸　　　　　　　　羟肟酸

其中酮式是主要的存在形式。

由于羟肟酸同时具有酰胺和肟基，极性基团中存在着位置十分接近的氮和氧两种带有孤电子对的原子，这样的特殊结构，使得羟肟酸对 Fe^{3+}、Ti^{4+}、Mn^{2+}、La^{2+} 等金属离子具有很强的螯合性而形成稳定的金属螯合物，因此，羟肟酸对赤铁矿、钛铁矿、铌铁矿、钽铁矿等矿物有较强的选择捕收性能。目前我国生产并应用较多的有 H205、环烷基羟肟酸、水杨羟肟酸、苯甲羟肟酸以及 C$_{5~9}$羟肟酸。

广州有色金属研究院曾对羟肟酸捕收剂浮选钽铌铁矿做了大量的工作。高玉德等人采用苯甲羟肟酸、C$_{7~9}$羟肟酸和油酸钠对钽铌铁矿、石英和长石进行了单矿物试验，试验表明，苯甲羟肟酸对钽铌铁矿有较强的选择性捕收能力，C$_{7~9}$羟肟酸的捕收性及选择性不及苯甲羟肟酸，油酸钠的捕收能力较强选择性较差（如图 4-6 所示）。另外，以硝酸铅为活化剂，将苯甲羟肟酸与辅助捕收剂 WT$_2$ 的组合

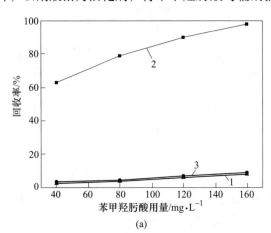

(a)

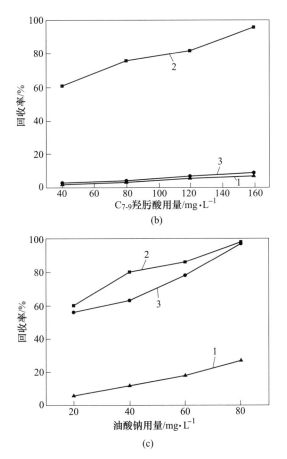

图 4-6 苯甲羟肟酸用量对钽铌矿、石英长石浮游性的影响（a）、$C_{7\sim9}$肟酸用量对钽铌矿、
石英长石浮游性的影响（b）及油酸钠用量对钽铌矿、石英长石浮游性的影响（c）
1—长石；2—钽铌矿；3—石英

使用可提高钽铌铁矿的分选指标，强化了药剂的适应性，降低了药剂消耗量。另外，该苯甲羟肟酸与 WT_2 的组合捕收剂用于湘宁钽铌矿细泥的浮选，该细泥中主要回收矿物为钽铌锰矿与黑钨矿，该细泥经过强磁选预先富集后进入浮选作业，浮选作业以苯甲羟肟酸+WT_2 为钽铌锰矿与黑钨矿的捕收剂，硝酸铅为活化剂，改性水玻璃为脉石抑制剂，对于含 Ta_2O_5 为 0.0294% 的强磁精矿，经过一粗一扫一精（具体流程见图 4-7）即可获得含 Ta_2O_5 为 2.947%，回收率为 88.45%的浮选精矿。该浮选精矿经过进一步浮选脱硫、磁选除铁以及重选脱除磷铁锰矿后即可得到 Ta_2O_5 品位为 13.93%，回收率（对细泥给矿）为 61.93%的精矿。经过成本核算，该细泥选别流程（磁选预富集-浮选-脱硫、脱铁、脱磷铁锰矿精选）相比于原细泥处理流程（磁选-重选）处理一吨细泥净增加产值 19.19 元。

另外，广州有色金属研究院曾以羟肟酸和变压器油（25 号）作捕收剂浮选泰美钽铌矿的细粒铌铁矿，浮选给矿（Ta，Nb）$_2$O$_5$ 品位为 0.06%，经过浮选可获得含（Ta，Nb）$_2$O$_5$ 为 40%，回收率为 60% 的浮选精矿。

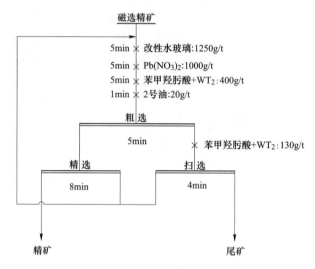

图 4-7　湘宁钽铌矿细泥的浮选流程

高玉德等人对苯甲羟肟酸浮选钽铌锰矿的浮选机理进行了研究，认为苯甲羟肟酸苯对钽铌锰矿具有良好的选择捕收能力与其极性基和非极性基结构密切相关。苯甲羟肟酸易与过渡金属矿物如 Fe^{2+}、Mn^{2+} 等金属氧化物作用，而与石英、长石等脉石矿物作用较弱。同时苯甲羟肟酸的非极性基为体积较大的苯环，由于共轭效应和空间位阻效应，使苯甲羟肟酸的选择性得到进一步提高。Mn^{2+} 离子是钽铌锰矿主要的浮选活性中心，苯甲羟肟酸与钽铌锰矿表面晶格的 Mn^{2+} 螯合，形成五元环螯合物。

4.2.2.4　烃基肟酸类捕收剂

烃基肟酸可分为烷基肟酸和芳基肟酸，在烷基肟酸中，烷基含碳原子数在 4~12h 有效，在芳基肟酸中，以甲苯肟酸为主。甲苯肟酸是历史上首个获得工业应用的肟酸捕收剂。之后，朱建光教授根据同分异构原理，研究成功了苄基肟酸，目前，苄基肟酸仍然是工业应用的唯一一种肟酸类捕收剂。苄基肟酸能与 Fe^{3+}、Mn^{2+}、Sn^{2+}、Pb^{2+} 等作用形成沉淀，而对 Ca^{2+}、Mg^{2+} 的矿物捕收能力较弱，是一种选择性较好的捕收剂。苄基肟酸捕收剂也曾应用于细粒钽铌铁矿的浮选，叶绣爱等人曾采用苄基肟酸+ 731 浮选某强钠化花岗岩钽铌矿的次生细泥，该试料中主要的钽铌矿物为富锰钽铌铁矿和细晶石，（Ta，Nb）$_2$O$_5$ 在富锰钽铌铁矿中的分布率为 47.10%，在细晶石中的分布率为 50.88%；浮选试验表明，在弱酸性介质中（pH 值为 5.8~6.2），用苄基肟酸捕收富锰钽铌铁矿、细晶石，辅以 731 混合剂强化捕收细晶石，效果良好。浮选原矿含（Ta，Nb）$_2$O$_5$ 为 0.052%，可获得（Ta,Nb）$_2$O$_5$ 品位为 2.49%~2.85%，回收率为 80.80%~81.45% 的浮选精矿，具体的浮选流程见图 4-8。该浮选精矿进入离心选矿机精选，可获得含（Ta,Nb）$_2$O$_5$ 为 15.875%~20.20%，作业回收率为 83.03%~88.93% 的钽铌精矿。该细泥浮选-重选流程比单一重选流程指标有较大的提高。

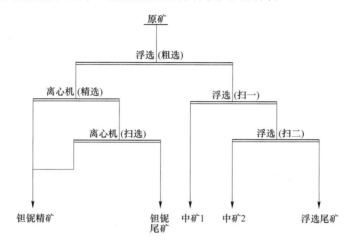

图 4-8　某强钠化花岗岩钽铌矿的次生细泥的重-浮流程

陈泉源等人认为肟酸类与羟肟酸类及膦酸类等螯合捕收剂与钽铌矿的作用机理符合软硬酸碱规则，由于钽铌矿存在广泛的类质同象替代，其可提供的表面键合离子包裹 Nb^{5+}、Ta^{5+}、Mn^{2+}、Fe^{3+} 等硬酸类金属离子，正电荷高，体积较小，属于硬酸类金属。而 C$_{5~9}$ 烷基羟肟酸、苯乙烯膦酸、苄基肟酸的极性基团属于中间碱。根据"硬亲硬，软亲软，软硬交界都可亲"的软硬酸碱规则，这些捕收剂可以在钽铌矿表面稳定吸附而起捕收作用。然而由于肟酸捕收剂具有较大的毒性，特别是在药剂的生产过程中涉及剧毒物质三氧化二砷（砒霜）的使用，其废水和污泥处理难度大。因此，肟酸类捕收剂已逐渐减少使用。

4.2.2.5　烷基磺化琥珀酰胺酸盐

烷基磺化琥珀酰胺酸盐是一种表面活性剂，具有润湿、去污、发泡等性能，易溶于水，无毒，易生物降解。我国 1974 年合成了 Aerosol-22 捕收剂，并对云锡、大厂等地的某些锡矿泥进行了试验，取得了较好的结果。

　　研究认为，对于锡石的浮选，尽管 Aerosol-22 的选择性不如肟酸捕收剂，但是由于其价格便宜、环境友好，因此在国外锡石选厂应用较为广泛。烷基磺化琥珀酰胺酸盐捕收剂在锡石表面主要为静电吸附，同时存在一定的化学吸附，矿浆中的 Ca^{2+}、Al^{3+}、Fe^{3+} 等阳离子对锡石浮选有较大的影响。加拿大伯尼克湖钽选矿厂应用烷基磺化琥珀酰胺酸盐为捕收剂，硅酸钠和草酸作为调整剂，在 pH 值为 2~3 的条件下浮选钽细泥，浮选精矿经过摇床-皮带溜槽精选而得到细泥精矿。另外，广西栗木锡矿也曾采用 Aerosol-22 浮选矿泥，并以硫酸作为 pH 值的调整剂（pH = 2.5），氟硅酸钠作为脉石抑制剂，然而浮选试验结果不理想，锡钨钽的富集比仅为 1.1 左右，作业回收率也不足 30%，远差于苯乙烯膦酸和甲苯肟酸捕收的浮选指标。

4.2.2.6　其他捕收剂

　　除了以上的 5 种捕收剂外，国内外学者还研究了其他一些捕收剂对钽铌铁（锰）矿的浮选性能，这些捕收剂有阳离子捕收剂 AHⅡ-14、烷基硫酸钠、8-羟基喹啉、α-亚硝基-β-萘酚、新铜铁试剂和烷基氨基次甲基膦酸等。

　　波立金 C И 等人研究了 AHⅡ-14 阳离子捕收剂对铌铁矿-钽铁矿、电气石、石榴石、钠长石和石英 5 种单矿物的浮选性能，试验结果（图 4-9 和图 4-10）表明在中性介质中，阳离子捕收剂 AHⅡ-14 是钽铌矿物的有效捕收剂，而在强酸、强碱性介质中，阳离子捕收剂浮选效果不好。当 AHⅡ-14 浓度为 20mg/L 时，石英、钠长石、电气石完全上浮，当浓度为 130mg/L 时，铌铁矿-钽铁矿和石榴石完全回收。

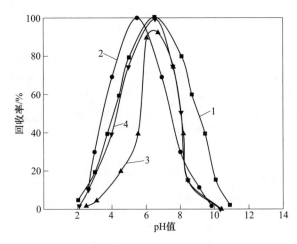

图 4-9　用 AHⅡ-14 阳离子捕收剂时矿浆 pH 值对钽铌矿及伴生脉石矿物浮游性的影响
1—石英，钠长石；2—钽铁矿；3—石榴石；4—电气石

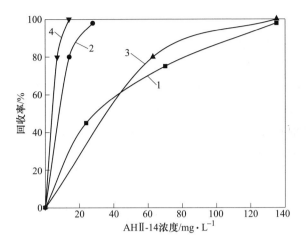

图 4-10 阳离子捕收剂 AHⅡ-14 用量对钽铌矿及伴生脉石矿物浮游性的影响

1—钽铁矿；2—电气石，石英；3—石榴石；4—钠长石

烷基硫酸钠（R-O-SO$_3$Na）是一种硫酸盐，易溶于水，具有起泡性能。波立金 C И 等人研究了烷基硫酸钠对铌铁矿-钽铁矿、石英、长石、电气石和石榴石的浮选性能（结果见图 4-11），研究表明以烷基硫酸钠为捕收剂时，强酸性矿浆介质是其有效浮选 pH 值区间。在 pH 值为 2 时，铌铁矿-钽铁矿、电气石和石榴石的回收率为 80%~90%，而石英、钠长石与白云母的可浮性较差。另外，研究还表明相比于油酸钠，以烷基硫酸钠为捕收剂时，矿浆中的钙离子及铁离子对铌铁矿-钽铁矿的捕收性能的影响较小。

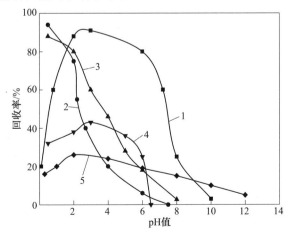

图 4-11 烷基硫酸钠对钽铌矿及伴生脉石矿物的捕收性能

1—电气石；2—钽铁矿；3—石榴石；4—石英、钠长石；5—白云母

铜铁灵和新铜铁灵试剂是一种氧化矿螯合捕收剂，其结构式如下：

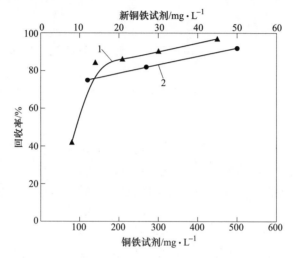

陈泉源等人研究了铜铁灵和新铜铁灵对铌铁矿单矿物的捕收性能，试验结果如图 4-12 所示。试验结果表明，新铜铁灵试剂的药剂用量仅为铜铁灵的十分之一，其原因在于前者的烃链为萘环，后者的烃链为苯环，其疏水烃链的长短对其捕收能力有较大的影响。

图 4-12 铜铁灵和新铜铁灵对铌铁矿的捕收性能
1—新铜铁灵；2—铜铁灵

另外，陈泉源等人还对比了 8-羟基喹啉、α-亚硝基-β-萘酚、新铜铁试剂三种螯合捕收剂对铌铁矿的捕收能力，其结果见图 4-13。由图可知尽管三种螯合捕收剂的疏水基相似，同时 N—O 型键合原子的 α-亚硝基-β-萘酚、8-羟基喹啉及新铜铁试剂对铌铁矿的捕收能力是有差别的，其中新铜铁灵试剂捕收能力最强，α-亚硝基-β-萘酚次之，8-羟基喹啉最弱。其原因在于 α-亚硝基-β-萘酚与铌铁矿表面金属离子整合生成六元环螯合物，而 8-羟基喹啉与铌铁矿表面生成五元环螯合物，从螯合基环的闭合程度来看，前者较高，故其更稳定，因此前者的捕收能力比后者强；另外 8-羟基喹啉中的 N 原子直接参加萘环共轭，其疏水性能力较萘环小，也是导致其捕收能力弱的一个原因。新铜铁灵的极性基团在芳香基团的一端，使极性有较大的疏水性，同时空间位阻较小，使其具有较强的捕收能力。

烷基氨基次甲基膦酸是一种表面活性剂，无毒，分子大的可用作洗涤剂，分子小的可用作水的软化剂，其中烷基为 C_{14} 的效果最好，被用作锡石的捕收剂

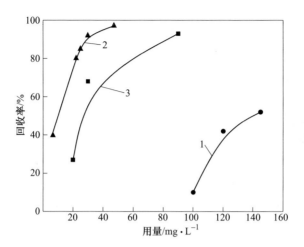

图 4-13 新铜铁试剂、8-羟基喹啉、α-亚硝基-β-萘酚三种螯合捕收剂对铌铁矿的捕收性能

1—8-羟基喹啉；2—新铜铁试剂；3—α-亚硝基-β-萘酚

（取名为浮锡灵 FXL），该药剂后来也被用作金红石的浮选捕收剂并用于工业生产。浮锡灵 FXL 分子式：

$$C_{14}H_{29}-N\begin{matrix}CH_2PO_3H_2\\\\CH_2PO_3H_2\end{matrix}$$

朱建光等人研究对比了该捕收剂对锡石、铌钽矿、黑钨矿三种单矿物的捕收性能，试验结果如图 4-14 所示。试验结果表明，该捕收剂对三种矿物的浮选 pH 值大致相似，在酸性至中性范围内都得到很好的浮选结果，因此可在自然 pH 值

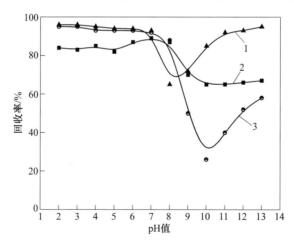

图 4-14 烷基氨基次甲基膦酸对锡石、钽铌锰矿及黑钨矿三种单矿物的捕收性能

1—锡石（FXL-14 浓度 70mg/L）；2—铌钽矿（FXL-14 浓度 400mg/L）；3—黑钨矿（FXL-14 浓度 200mg/L）

下浮选。该捕收剂对锡石的捕收能力较强，在其浓度为 75mg/L 时，便可将锡石全部浮选，对黑钨矿和铌钽矿的捕收能力接近，在浓度为 300mg/L 时能全部浮选。应用该捕收剂浮选栗木锡矿四选厂矿泥系统离心机精矿的浮选流程见图4-15。试验结果表明，以 FXL 为捕收剂，氟硅酸钠为石英及含铁脉石的抑制剂，对含 Sn 为 0.325%、WO_3 为 0.0081%、$(Ta, Nb)_2O_5$ 为 0.0411% 的浮选给矿经过一次粗选一次扫选三次精选，即可获得含 Sn 为 9.47%、WO_3 为 0.200%、$(Ta, Nb)_2O_5$ 为 0.952% 的浮选精矿，其相应的回收率分别为 72.44%、56.78%、53%，这种质量的精矿可用于电炉冶炼；以 FXL 为捕收剂所获得的浮选试验结果与苄基胂酸的结果颇为相近。另外，该研究表明，FXL 捕收剂对锡石、黑钨矿和铌钽矿的浮选机理是在这些矿物表面发生化学吸附。

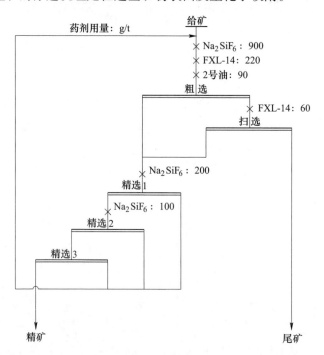

图 4-15　用烷基氨基次甲基膦酸浮选栗木锡矿的离心机预选精矿流程

4.3　其他钽铌矿物的浮选

　　具有工业价值的钽铌矿物除了钽铁矿-铌铁矿和烧绿石外，还有细晶石、褐钇铌矿、黑稀金矿和易解石等。钽铌矿石中的钽铌矿物往往不止一种，这些不同的钽铌矿物的成分差别较大，其表面的金属离子的种类及分布很不相同，可浮性不尽一致。如白云鄂博铌稀土矿中贫氧化矿铌主要富集在稀土浮选尾矿中，其铌矿物主要有铌铁矿、铌铁金红石、烧绿石、易解石四种，陈泉源等人曾研究了多种捕收剂如脂肪酸、脂肪胺、混合甲苯胂酸、苯乙烯膦酸、α-亚硝基-β-萘酚、新铜铁试剂等多种捕收剂，效果均不理想，尽管上述捕收剂中有很多是铌铁矿的有效捕收剂，但它们对其他铌矿物的捕收能力差，或不能有效地浮选铌矿物与其他矿物较粗颗粒的连生体。最终发现 $C_{5\sim9}$ 羟肟酸是四种铌矿物共同有效的捕收剂（图 4-16），但是 $C_{5\sim9}$ 羟肟酸对四种铌矿物的捕收能力差别也较大，具体顺序为铌铁矿>易解石>烧绿石>铌铁金红石。因此，本节主要介绍其他钽铌矿物的浮选药剂及流程。

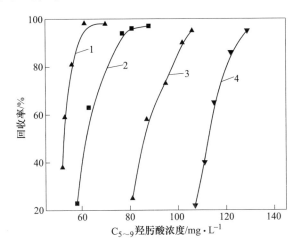

图 4-16 $C_{5\sim9}$ 羟肟酸对四种铌矿物的捕收性能
1—铌铁矿；2—易解石；3—烧绿石；4—铌铁金红石

4.3.1 细晶石 $(Ca,Na)_2(Ta,Nb)_2O_6(O,OH,F)$

细晶石成分和性质与烧绿石极为相近，同属烧绿石-细晶石族矿物，和烧绿石是完全类质同象，除比烧绿石重一些外，其他性质都差不多。细晶石属于非磁性矿物，比重为 4.46~6.42，粗粒的细晶石可采用重选富集，而细粒的细晶石可采用重浮结合法。

某钽铌细泥的主要钽铌矿物为富锰钽铌铁矿、细晶石和少量的钽锡矿，脉石矿物主要为钠长石、锂云母、石英和黄玉，该细泥经离心选矿-湿式强磁选后的非磁产品 $(Ta,Nb)_2O_5$ 含量为 0.07%，其中的主要钽铌矿物则为细晶石，许新邦等人对该非磁产品进行浮选富集试验。试验捕收剂对比了苯乙烯膦酸、混合甲苯砷酸、羟肟酸和苄基胂酸，调整剂和抑制剂比较了氟硅酸钠、苛性钠、硫酸、羧甲基纤维素、水玻璃和草酸，活化剂则试验了硝酸铅，结果表明细晶石的捕收剂以苯乙烯膦酸较好，活化剂以硝酸铅较好，脉石矿物有效的调整剂和抑制剂为氟硅酸钠、草酸和水玻璃等。以苯乙烯膦酸为捕收剂，采用硝酸铅为活化剂，氟硅酸钠为抑制剂，在弱酸性条件下，经一次粗选粗精矿 $(Ta,Nb)_2O_5$ 富集比 47，回收率能达到 90.90%，但是采用浮选对该浮选粗精矿进行进一步精选则富集效果不佳，最终采用离心选矿机进行精选。该细泥详细的选别流程及选别指标分别见图 4-17 和表 4-5。另外，江西同安细晶岩型矿石，采用苯乙烯膦酸对其中

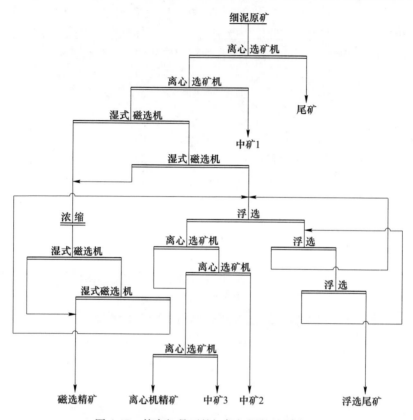

图 4-17　某含细晶石的钽铌细泥的选别流程

表 4-5　某含细晶石的钽铌细泥的重-磁-浮-重选别试验结果

产品名称	产率/%	品位/%	回收率/%
磁选精矿	0.009	34.880	16.74
离心机精矿	0.026	21.600	29.95
小计（细泥精矿）	0.035	25.010	46.69
离心机中矿 3	0.046	0.923	2.27
离心机中矿 2	0.143	0.421	3.21
离心机中矿 1	19.000	0.013	13.17
离心机尾矿	72.085	0.008	31.84
浮选尾矿	8.656	0.006	2.82
原矿	100.00	0.019	100.00

细晶石也得到了较好的回收。叶绣爱等人在用苄基胂酸对富锰钽铌铁矿及细晶石回收时，发现在弱酸性条件下（pH值5.8~6.2）用苄基胂酸为主要捕收剂，辅以731混合剂强化捕收细晶石，富集效果良好，在开路情况下能获得浮选富集比可达49.8~53.7，回收率80.80%~81.45%的浮选粗精矿，和苯乙烯膦酸为捕收剂取得效果基本一致，尾矿中（Ta,Nb)$_2$O$_5$从0.075%降至0.00513%。

刘书杰等人曾研究了某细晶石为主的微细粒、低品位钽铌尾矿的选别，该尾矿中钽铌主要赋存在细晶石、钽铌锰矿中，少量赋存在含钽锡石中，脉石矿物主要为云母、长石、石英等硅酸盐类矿物，其中-38μm粒级中Ta$_2$O$_5$的分布率达到80%，针对该尾矿的矿石性质提出了离心选矿机预富集-浮选的工艺。经过离心选矿机重选预富集，可将给矿的Ta$_2$O$_5$品位从0.0098%富集到0.13%，并对该离心选矿机精矿进行进一步的浮选富集。浮选条件试验对比了氧化石蜡皂、油酸、螯合捕收剂（BK）及苯甲羟肟酸，试验结果表明螯合捕收剂BK的浮选效果最佳，因此后续的浮选采用螯合捕收剂BK作为捕收剂，硝酸铅作为活化剂，水玻璃作为脉石抑制剂，经过一次粗选两次扫选三次精选即可得到最终的钽铌精矿，精矿中Ta$_2$O$_5$和Nb$_2$O$_5$品位分别为18.2547%和9.0838%，Ta$_2$O$_5$和Nb$_2$O$_5$的回收率分别为35.52%和35.22%。另外，A·古尔研究了细晶石和锆石的浮选分离，发现锆石可浮性要好于细晶石，采用两性捕收剂Porocoll在pH值为4时，锆石和细晶石得到了很好的分离。

4.3.2 铌钙矿（Ca,RE)(Nb,Ti)$_2$(O,OH，F)$_2$

铌钙矿属于黑稀金矿族矿物，A组阳离子以钙为主，并有以铈为主的稀土元素及钍、镁、铅等替代，B组阳离子主要是铌，其次为钛及少量的钽、硅等。产于正长岩、霞石正长岩、碳酸岩、碱性伟晶岩以及花岗伟晶岩中，与方解石、萤石、磷灰石、硅镁石、金云母、碱性长石等共生，铌钙矿常与烧绿石、铌铁矿共同产出，通常是烧绿石被铌钙矿交代。任嵊研究了双膦酸、苯乙烯膦酸、C$_{7-9}$烷基异羟肟酸钠、环烷基异羟肟酸和苄基胂酸五种捕收剂对铌钙矿（人工合成）及其主要伴生脉石矿物（褐铁矿、霞石、白云石）的浮选性能。试验结果（图4-18及图4-19）表明，五种捕收剂的选择性排序为：双膦酸>苄基胂酸>苯乙烯膦酸>C$_{7-9}$烷基羟肟酸>环烷基羟肟酸。五种捕收剂对铌钙矿的捕收能力的排序为：环烷基羟肟酸>C$_{7-9}$烷基羟肟酸>双膦酸>苯乙烯膦酸>苄基胂酸。因此，双膦酸是铌钙矿的良好捕收剂，在其用量为20mg/L和pH值为2.5~5.0的条件下，铌钙矿的浮选回收率为83.27%~85.10%，红外吸收光谱（IAS）和X射线光电子能谱（XPS）分析结果表明双膦酸化学吸附在铌钙矿表面上。

另外，苏联的米哈诺布尔从磷灰石的矿泥中回收铈铌钙钛矿，采用ИМ-50作为捕收剂，硫酸作为调整剂，在pH值为4.8~5.4条件下浮选铈铌钙钛矿和霓

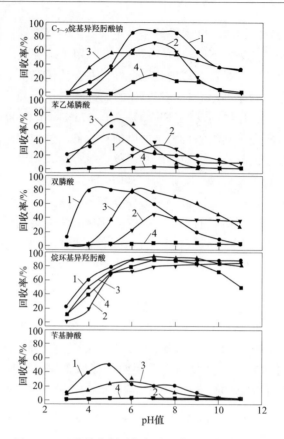

图 4-18　五种捕收剂对铌钙矿、白云石的捕收性能

1—铌钙矿；2—白云石；3—褐铁矿；4—霞石

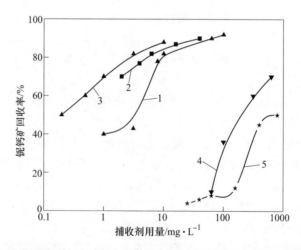

图 4-19　捕收剂用量对铌钙矿捕收性能的影响（最佳矿浆 pH 值条件下）

1—环烷基羟肟酸；2—C$_{7～9}$烷基羟肟酸；3—双膦酸；4—苯乙烯膦酸；5—苄基胂酸

石，获得的粗精矿经硫酸处理和洗涤后，采用草酸、六偏磷酸钠、ИМ-50，在pH值为6.2~6.4的条件下浮选铈铌钙钛矿，经精选获得95%回收率的最终精矿。

4.3.3 易解石 (Ce,Y,Ca,Tb)(Ti,Nb)$_2$O$_6$

易解石是一种复杂氧化物矿物，多产于花岗伟晶岩、碱性伟晶岩、霞石正长岩等碱性岩以及白云岩与花岗岩接触带中，共生矿物有锆石、独居石、黑帘石、黑稀金矿、烧绿石等。

针对易解石有人曾研究了油酸、油酸钠、石蜡皂、二异辛基酯钠、烷基磺酸钠和8-羟基喹啉等捕收剂对其的浮选性能，研究发现只有8-羟基喹啉具有选择性；采用8-羟基喹啉，加入少量油酸钠和石蜡皂，调节pH值至9~10后，粗选加入草酸钠和氢氧化钠，精选加入硫酸铜与水玻璃配合使用，可有效抑制硅酸盐矿物，获得含易解石的铌精矿。陈泉源等人曾研究了$C_{5~9}$羟肟酸对易解石的捕收性能，研究结果表明，$C_{5~9}$羟肟酸是易解石的有效捕收剂，当其用量为80mg/L时，易解石（单矿物）可被完全浮起。

朝鲜某大型碱性花岗岩型钽铌锆矿床矿石中主要有用矿物钛铌易解石、钽铌铁矿、锆石、独居石等，嵌布粒度细，彼此复杂嵌布，且与微斜长石、石英和云母呈互含或紧密连生关系，彼此之间解离性较差。矿石中有用矿物化学成分复杂，物理性质变化大，可浮性相近，绝大多数重矿物都具磁性，尤其是锆石因含有数量不等的铁，致使其磁性变化大，给矿物的富集和分离带来极大的困难。单一重磁浮选很难获得合格的钽铌、锆产品，且回收率低；采用钽铌锆混合浮选，能较大幅度地提高回收率，混合精矿可通过冶炼分离。原矿Nb$_2$O$_5$、Ta$_2$O$_5$和ZrO$_2$的品位分别为1.17%、0.046%和3.12%，其中约有40%和55%的铌分别赋存于钽铌铁矿和铌易解石中，其他分散于铌铁金红石、磁铁矿、锆石和脉石矿物中。钽主要存在于钽铌铁矿中，约占82%，其他分散于铌易解石、磁铁矿、锆石和脉石矿物中。锆主要以锆石矿物形式存在，约占总量的96%；试样采用细磨-脱泥后，以苯甲羟肟酸GYB+FW作为铌锆矿物的混合捕收剂，硝酸铅作为铌锆矿物的活化剂，水玻璃作为脉石抑制剂，经过一粗两精一扫、中矿顺序返回混合浮选闭路流程处理（具体流程见图4-20），最终可获得Nb$_2$O$_5$、ZrO$_2$、Ta$_2$O$_5$品位分别为9.43%、24.95%、0.36%，回收率分别为77.37%、76.77%、75.13%的钽铌锆混合精矿。

4.3.4 褐钇铌矿 (Y,Er,Ce,U,Fe)(Nb,Ta,Ti)O$_4$

褐钇铌矿和黑稀金矿含铌稀土矿石属于富铌矿物，具有工业开采价值，往往在回收稀土的同时将铌矿物同时回收。有文章提到针对加拿大魁北克中黑稀金

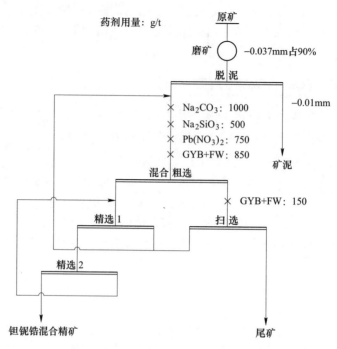

图 4-20　朝鲜某大型碱性花岗岩型钽铌锆矿混合浮选流程

矿，首先采用黄药脱硫，再使用阳离子捕收剂阿尔马克 11207 脱云母，最终采用环烷酸的混合物 R-825 和 R-801 作为捕收剂，氟硅酸钠作为抑制剂，硫酸调节 pH 值至 2 的强酸性条件下，浮选黑稀金矿和褐钇铌矿。加拿大安大略矿中的黑稀金矿和褐钇铌矿，加入氢氧化钠和水玻璃搅拌脱泥后，控制 pH 值为 6.4 弱酸性介质，用氟硅酸钠抑制云母、长石，用油酸浮选回收其中的黑稀金矿与褐钇铌矿。

　　某含稀土、锆复杂铌矿 Nb_2O_5 含量为 0.34%，该矿中伴生有价元素锆以及稀土铈、钇也具有一定的回收价值。因此，在回收铌的同时应充分回收稀土和锆。该矿中铌矿物为褐钇铌矿（富含重稀土的铌矿物）、黑稀金矿、铌铁金红石等。伴生的稀土矿物有氟碳铈矿、独居石、磷钇矿、胶态稀土等，伴生的锆主要为锆石。脉石矿物主要为大量的石英、长石等，含铌矿物、稀土矿物、锆石的嵌布粒度集中在 -0.08+0.04mm，-0.04+0.02mm 以及 -0.02+0.01mm 三个粒级，属于细粒嵌布型复杂铌矿。另外该矿中铌矿物、稀土矿物以及锆石共生关系紧密，含铌矿物褐钇铌矿在矿石中主要被黑稀金矿、磷钇矿、锆石等矿物交代，或蚀变为胶态稀土和金红石。由于含铌矿物比重较大、具有弱磁性和锆石比重较大的物理特点，以及根据含铌、稀土、锆矿物连生紧密的特点，拟在粗磨条件下，采用强磁选-重选预先脱出大量脉石，强磁-重选获得的粗精矿经过再磨后，采用以浮选为主的联合流程分别回收稀土、铌和锆石（原则流程见图 4-21）。试验结果表明在一段磨矿细度为-0.074mm占55%时,采用磁选-重选联合流程,可抛68%的尾矿。预富集得到的粗精矿经过再磨后分别回收稀土、铌和锆,再磨细度为-0.048mm占80%,采用C_7羟肟酸作为稀土矿捕收剂,碳酸钠、硅酸钠和氟硅酸钠作为调整剂,经过一粗一扫五精浮选可得到品位47.85%,回收率61.50%的稀土精矿,稀土浮选尾矿采用苄基肟酸作为铌捕收剂,硫酸和草酸作为调整剂,经过一粗一扫四精-磁选流程精选,可得到Nb_2O_5品位53.04%,回收率68.88%的铌精矿,浮选尾矿再进行重选回收锆石,经过四次重选精选,可得到ZrO_2的品位40.62%,回收率为52.79%的锆精矿。

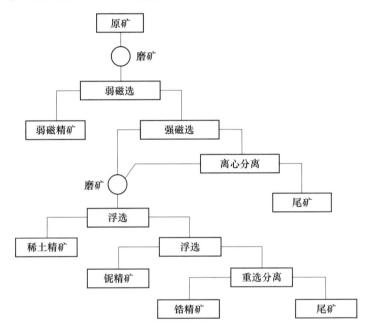

图4-21　某含稀土、锆复杂铌矿选别原则流程

4.4　钽铌矿浮选存在的问题

目前全球仅有三座烧绿石矿山处于开发状态,分别为加拿大奥卡选矿厂、尼奥贝克,巴西的阿拉克萨以及卡特拉奥三大烧绿石选矿厂。这三个矿山的矿石性质有差异,从而导致浮选流程的差异,但是所应用的烧绿石捕收剂均为胺类捕收剂,采用盐酸、草酸、氟硅酸进行pH值的调节,矿浆pH值一般为2~4。细泥对胺类捕收剂的干扰很大,因此铌浮选之前需将细泥脱除掉,三个选厂均有多段脱泥作业。胺类捕收剂对铁矿物有捕收作用,因此浮铌前均需进行除铁作业。若原矿中含有大量的碳酸盐和硅酸盐脉石矿物则需要脱除碳酸盐和硅酸盐脉石矿物。因此目前采用的烧绿石浮选工艺复杂,在细泥与脉石的脱除作业中不可避免

地造成铌的损失，因此烧绿石的浮选的研究重点在于浮选流程的简化与浮选效率的提高。

钽铌铁（锰）矿及其他钽铌矿物的浮选方面。近年来，国内外学者在钽铌矿浮选药剂的选择及研制方面做了大量工作，发现许多选择性好的捕收剂，但由于药剂成本高，或是对环境不友好，而无法在钽铌选厂推广应用。随着越来越多的难选钽铌资源的开发，预计对选择性好、价格合理的钽铌选矿药剂需求会不断增加。因此钽铌铁（锰）矿及其他钽铌矿物的浮选研究重点在于：

（1）在合成工艺、原料来源等问题上谋求新思路以降低浮选性能优良的钽铌捕收剂的合成成本；

（2）在现有基础上加强高效钽铌捕收剂的研发；

（3）采用混合捕收剂。生产实践和科学研究表明，大多数捕收剂混用比单用效果要好，在增强药剂正协同效应及混合捕收剂作用机理方面还应深入研究。

5 钽铌矿选矿工艺实例

5.1 花岗伟晶岩钽铌矿选矿工艺

5.1.1 工艺矿物学分析

5.1.1.1 原矿物质组成

本例矿床为大型钽铌花岗伟晶岩矿床,原矿多元素分析及矿物组成如表 5-1 和表 5-2 所示。该矿中 Ta_2O_5 和 Nb_2O_5 的含量分别为 0.035% 和 0.015%,主要钽

表 5-1 原矿多元素分析

成分	Ta_2O_5	Nb_2O_5	Sn	K_2O	Na_2O	SiO_2	TFe	FeO
含量/%	0.035	0.015	0.054	2.50	4.50	71.5	0.55	0.50
成分	Fe_2O_3	Li_2O	Rb	Cs	CaO	MgO	Al_2O_3	ZrO_2
含量/%	0.23	0.08	0.14	0.035	1.13	0.30	17.10	0.095
成分	P_2O_5	MnO_2	BeO	TiO_2	U	Th	WO_3	F
含量/%	0.83	0.052	0.017	0.054	0.0002	0.0031	0.026	0.044
成分	Cu							
含量/%	0.016							

表 5-2 原矿主要矿物含量

矿物	含量/%	矿物	含量/%
钽铌矿物	0.0560	石英	28.76
锡石	0.0581	长石	38.39
磁黄铁矿	0.0232	绢云母	18.24
黄铁矿	0.0278	白云母	8.23
黄铜矿	0.0004	锂辉石	0.1360
方铅矿	0.0003	电气石	0.2135
钛铁矿	0.0113	磷铝石	0.2767
赤铁矿、褐铁矿	0.0176	围岩岩屑	3.85
磁铁矿	0.0013	磷灰石	1.3798

铌的矿物有铌铁矿-钽铁矿、锡钽锰矿、少量重钽铁矿和微量细晶石，其中铌铁矿-钽铁矿平均含 Ta_2O_5 为 43.94%、Nb_2O_5 为 33.76%，锡钽锰矿平均含 Ta_2O_5 为 71.29%、Nb_2O_5 为 5.99%；其他金属矿物有锡石、磁黄铁矿、黄铁矿和钛铁矿等。因此该矿中主要回收的金属矿物有铌铁矿-钽铁矿、锰钽铁矿及锡石，这部分矿物的约占原矿的 0.115%；非金属矿物为长石、石英、白云母、绢云母等，矿物量占 95%。

5.1.1.2　部分矿物嵌布特性

本例矿样中钽铌矿物多数以单晶状态出现，大多数嵌布于钠长石、绢云母或钠长石与白云母之间，其嵌布粒度极不均匀，最粗达 2~5mm，一般为 0.08~0.3mm。本例矿样中锡石多呈不规则粒状单晶或多晶集合体嵌布于石英、钠长石和白云母的夹层中，其中分布于石英和白云母中的锡石粒度一般较细（0.02~0.1mm），而嵌布于钠长石中的锡石粒度较粗，锡石的嵌布粒度以 0.05~0.5mm 为主，粗粒者可达 2mm 以上。

5.1.1.3　钽铌锡在矿石中的赋存状态

钽、铌及锡在矿石中的分布状态如表 5-3 所示。

表 5-3　Ta_2O_5、Nb_2O_5 和 Sn 在矿石中的分配 （%）

矿物	矿物含量	矿物含 Ta_2O_5	Ta_2O_5 分配率	矿物含 Nb_2O_5	Nb_2O_5 分配率	矿物含 Sn	Sn 分配率
钽铌矿物	0.0560	54.67	87.73	22.51	84.88	1.35	1.39
锡石	0.0581	1.27	1.68	0.20	1.09	72.96	77.77
长石	38.29	0.0031	3.40	<0.001	—	0.0089	6.25
石英	28.76	0.0028	2.30	<0.001	—	0.010	5.28
白云母	8.23	0.0063	1.48	0.023	12.75	0.0028	4.23
绢云母	18.24	0.0047	2.46	<0.001	—	0.011	3.68
岩屑	3.85	0.0086	0.95	0.0050	1.28	0.020	1.40
合计	97.4841	—	100.00	—	100.00	—	100.00

5.1.2　选别工艺分析

5.1.2.1　粗选工艺

矿样的物质组成分析表明，主要回收的金属矿物有铌铁矿、钽铁矿、锰钽铁矿及锡石。这部分矿物的产率占原矿的 0.115%，密度比较大，一般 5.5~7g/cm³，非金属矿物为长石、石英、白云母和绢云母等，矿物量占 95%，其密度

小于 $3g/cm^3$，因此粗选采用重选法可行。另外，矿石中的钽铌矿物及锡石性脆、易粉碎，这些矿物在矿石中呈以粗粒为主，粗细不均匀嵌布，因此采用阶段磨矿、阶段选别是合理的。

A 粗选磨矿粒度与工艺的选择

磨矿工艺和磨矿粒度是选择选矿工艺的关键，由原矿的钽铌矿物及锡石的嵌布粒度可知，当矿石碎至 $-0.63mm$ 时，钽铌矿物的单体解离度已达 74.63%，锡石的单体解离度已达到 81.5%，因此一段磨矿的粒度选择 0.6~0.7mm 是合理的。一段磨矿采用棒磨机与筛子构成闭路，以减少过粉碎。对原矿做不同粒级的摇床选别试验，结果表明摇床 $-0.3mm$ 各级，摇床尾矿的钽铌品位可以降到 0.012%，可以作为最终尾矿丢弃，因此第二段磨矿的粒度为 $-0.3mm$ 比较合理，磨矿采用球磨机，为严格控制磨矿粒度，采用磨机与振动细筛闭路的磨矿工艺。

B 粗选设备的选择

预磨时将一段磨矿产品通过水力分级机分成粗砂（ $-0.5+0.3mm$ ）、细砂（ $-0.3+0.04mm$ ）和细泥（ $-0.04mm$ ）三种产品。以粗砂和细砂为选别对象进行重选设备的对比试验。

目前国内外钽铌重选厂所采用的重选设备一般是摇床和螺旋选矿机类设备。摇床是一种传统处理中级和细级物料的设备，具有分选精度高的特点，但是单位占地面积的处理能力小，需要大面积的厂房，因此很多选厂的粗选作业已被处理能力较大的螺旋选矿机所代替。螺旋选矿机丢弃大量的尾矿后，粗精矿再用摇床精选。

为考查三种设备对该钽铌矿一段磨矿各产品的适应性，采用粗砂和细砂物料分别进行设备对比试验，对比试验结果如表 5-4 和表 5-5 所示。试验结果表明，粗砂部分，GL 型螺旋选矿机分选效果较好。细砂部分，用螺旋溜槽分选效果较好。而旋转螺旋溜槽选别以上两种物料均未显示出优越性。

表 5-4 一段粗砂（第一级）选别设备比较 （%）

设备及主要条件	产品	产率	品位		回收率	
			$(TaNb)_2O_5$	Sn	$(TaNb)_2O_5$	Sn
GL螺旋选矿机，$\phi600mm$，5.5 圈；给矿量 600kg/h，给矿浓度 25%	精矿	9.58	0.55	0.62	74.56	68.26
	中矿	26.40	0.0298	0.044	11.13	13.35
	尾矿	64.02	0.0158	0.025	14.31	18.39
	合计	100.00	0.071	0.087	100.00	100.00
旋转螺旋溜槽，$\phi600mm$，3 圈；给矿量 500kg/h，给矿浓度 25%	精矿	8.14	0.6	0.75	70.13	66.79
	中矿	27.95	0.036	0.056	14.45	17.13
	尾矿	63.91	0.0168	0.023	15.42	16.08
	合计	100.00	0.07	0.09	100.00	100.00

设备及主要条件	产品	产率	品位		回收率	
			$(TaNb)_2O_5$	Sn	$(TaNb)_2O_5$	Sn
立方抛物线螺旋溜槽，ϕ600mm，5圈；给矿量 400kg/h，给矿浓度 25%	精矿	8.05	0.59	0.74	67.82	65.51
	中矿	27.35	0.042	0.058	16.40	17.44
	尾矿	64.60	0.0171	0.024	15.78	17.05
	合计	100.00	0.07	0.091	100.00	100.00

对细粒级物料进行湿式强磁选试验，当磁场强度为 1T 时，磁性产品中钽铌回收率为 54.14%，低于重选作业的钽铌回收率指标，分选结果也列于表 5-5 中。

表 5-5　一段细砂选别设备比较　　　　　　　　（%）

设备及主要条件	产品	产率	品位		回收率	
			$(TaNb)_2O_5$	Sn	$(TaNb)_2O_5$	Sn
立方抛物线螺旋溜槽，ϕ600mm，5圈；给矿量 300kg/h，给矿浓度 25%	精矿	20.74	0.088	0.12	65.54	65.25
	中矿	19.05	0.0134	0.019	9.17	9.49
	尾矿	60.21	0.0117	0.016	25.29	25.26
	合计	100.00	0.0278	0.038	100.00	100.00
旋转螺旋溜槽，ϕ600mm，3圈；给矿量 300kg/h，给矿浓度 25%	精矿	27.64	0.063	0.098	63.42	63.7
	中矿	11.32	0.0154	0.024	6.35	7.20
	尾矿	61.04	0.0136	0.018	30.23	29.1
	合计	100.00	0.0275	0.038	100.00	100.00
GL 螺旋溜槽，ϕ600mm，5.5圈；给矿量 500kg/h，给矿浓度 25%	精矿	18.73	0.091	0.12	59.93	60.93
	中矿	29.88	0.0144	0.019	15.13	15.39
	尾矿	51.39	0.0138	0.017	24.94	23.68
	合计	100.00	0.0284	0.037	100.00	100.00
ϕ300 立环湿式强磁选机，背景磁感应强度 1T，钢板网介质	磁性	12.08	0.122	0.043	54.14	14.10
	非磁性	87.92	0.0142	0.036	45.86	85.90
	合计	100.00	0.0272	0.037	100.00	100.00

至于细泥物料的处理，因该物料中的金属量比较少，其钽铌金属量仅占原矿金属量的 4.99%，因此不宜采用复杂的流程和设备来处理。云南锡业公司有一套完整的细泥处理工艺，即"离心选矿机-皮带溜槽"工艺，但近几年来因种种原因，使用情况并不理想。因此我们认为采用螺旋溜槽粗选，摇床精选的简单流程是适宜的。

C　粗选试验流程与结果

一段磨矿采用 ϕ420mm×600mm 溢流型棒磨机与 300mm×600mm 振动筛闭路，

筛孔 0.8mm。一段磨矿后将筛下产品用水力分级机分成四级，第一级（粗砂）用 GL 螺旋选矿机作粗选设备，摇床精选。第二、三级（细砂）及第四级溢流（细泥）用螺旋溜槽进行一次粗选，一次扫选，丢弃大量合格尾矿，精矿用摇床精选。第一级的选别尾矿及第二、三级的中矿集中进入第二级磨矿，二段磨矿采用 ϕ420mm×450mm 格子型球磨机与 300mm×600mm 振动筛闭路，不锈钢丝编织网筛孔 0.4mm，筛下产品粒度小于 0.3mm。筛分量效率为 93.29%。第二段磨矿产品通过水力分级分为三级，采用与第一段细砂相同的设备和工艺进行选别，所有摇床的精矿都为粗选段的粗精矿（具体见图5-1）。

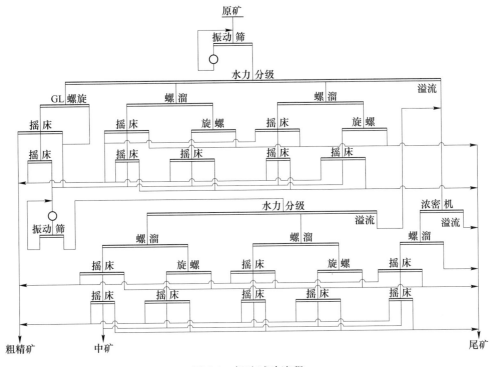

图 5-1　粗选试验流程

　　粗选所获得的粗精矿产率为 0.248%，含（TaNb）$_2$O$_5$ 为 14.94%（其中 Ta$_2$O$_5$ 为 10.79%），对原矿回收率 74.30%，（Ta$_2$O$_5$ 回收率 74.96%），含 Sn 为 15.71%，对原矿回收率 65.11%（具体见表5-6）。

5.1.2.2　精选工艺

　　粗选获得的粗精矿除钽铌矿物，锡石之外，含量比较高的矿物还有黄铁矿 12.33%，磁黄铁矿 4.79%，赤铁矿 4.41%，脉石 36.13%，矿物组成见表5-7。

表 5-6　粗选汇总指标 （%）

作业		产品	产率		品位		回收率			
			作业	对原矿	(TaNb)$_2$O$_5$	Sn	(TaNb)$_2$O$_5$		Sn	
							作业	对原矿	作业	对原矿
一段	粗粒级	精矿	0.26	0.119	19.340	22.610	65.82	46.13	63.84	44.97
		中矿	99.74	46.155	0.026	0.033	34.18	23.95	36.16	25.47
		合计	100.00	46.274	0.076	0.091	100.00	70.08	100.00	70.44
	细粒级	精矿	0.16	0.071	10.230	8.650	56.03	14.58	39.16	10.26
		中矿	2.93	1.271	0.069	0.093	6.73	1.75	7.52	1.97
		尾矿	96.91	42.014	0.012	0.020	37.24	9.69	53.32	13.97
		合计	100.00	43.356	0.030	0.036	100.00	26.02	100.00	26.20
二段		精矿	0.11	0.049	13.140	11.760	52.46	12.91	36.67	9.63
		中矿	2.3	1.006	0.143	0.180	11.74	2.89	11.54	3.03
		尾矿	97.59	42.643	0.010	0.019	35.8	8.81	51.79	13.60
		合计	100.00	43.698	0.028	0.036	100.00	24.61	100.00	26.26
细泥		精矿	0.06	0.009	3.770	1.700	13.63	0.68	5.51	0.25
		中矿	0.26	0.036	0.152	0.250	2.20	0.11	3.30	0.15
		尾矿	99.68	14.053	0.015	0.018	84.17	4.20	91.19	4.14
		合计	100.00	14.098	0.018	0.019	100.00	4.99	100.00	4.54
总计		精矿		0.24	14.940	15.710		74.3		65.11
		中矿		1.042	0.144	0.182		3.00		3.18
		尾矿		98.71	0.012	0.019		22.70		31.71
		合计		100.00	0.050	0.060		100.00		100.00

表 5-7　粗精矿矿物组成 （%）

矿物	锡石	钽铌矿物	磁黄铁矿	黄铁矿	钛铁矿	赤褐铁矿/铁屑
含量	21.43	18.74	4.79	12.330	0.940	4.41

矿物	磁铁矿	方铅矿	黄铜矿	电气石	脉石	—
含量	0.21	0.06	0.18	0.78	36.13	—

从粗精矿的矿物组成看，其中除了钽铌矿物和锡石之外，还有大量的磁黄铁矿、铁屑、磁铁矿、赤铁矿、褐铁矿等矿物占 9%。这些矿物在 300mT 场强下大部分可被磁选出。黄铁矿、方铅矿等硫化矿物占 12%，另外还有 36% 的脉石矿物。

粗精矿预处理后，筛分为 +0.2mm，+0.1mm 和 -0.1mm 三个级别，分别采用干式感应辊强磁选机选别，经一粗一扫选出钽铌精矿，粗选场强为 600mT 时选出的钽铌精矿含（TaNb）$_2$O$_5$ 和 Ta$_2$O$_5$ 分别为 50.78% 和 36.15%，对原矿回收率分别为 67.61% 和 67.23%。扫选场强为 900mT，选出的钽铌精矿含（TaNb）$_2$O$_5$ 和 Ta$_2$O$_5$ 分别为 11.53% 和 8.83%，对原矿回收率分别为 2.21% 和 2.48%。大约有占重选精矿 14%～15% 的硫化矿进入重产品中，重选精矿中含锡为 51.76%，为此进行了浮选脱硫。脱硫采用硫酸、硫酸铜作为调整剂，丁基黄药作为捕收剂，经过一粗一扫硫化矿脱除率 95.89%。浮选脱除硫化矿后，可获得含 Sn 为 60% 以上的锡精矿，若产出含 Sn 大于 50% 的锡精矿对销售价格并无太大影响时，可以省去浮选脱硫化矿作业。该精选流程具体见图 5-2。

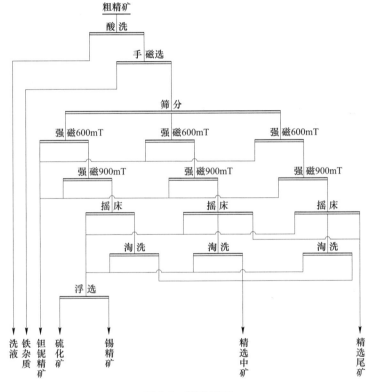

图 5-2　精选流程

精选结果：最终钽铌精矿产率为 0.0764%，精矿含（TaNb）$_2$O$_5$ 为 45.64%（Ta$_2$O$_5$ 32.57%），对原矿的回收率为 69.92%（Ta$_2$O$_5$ 回收率为 69.71%），精选作业回收率为 94.11%。锡精矿的产率为 0.0581%，锡精矿含锡为 60.25%，对原矿的回收率 58.49%，精选作业回收率为 89.84%。

5.1.2.3　云母、长石的综合回收工艺

该矿为花岗伟晶岩型矿石，钽铌、锡粗选尾矿主要由长石、石英、白云母、

绢云母等非金属矿物组成，为提高矿山经济效益，充分利用矿产资源，开展了从粗选尾矿中综合回收长石石英、白云母绢云母的试验研究。

粗选尾矿产率占原矿 98.71%，其中含 TFeO 为 0.44%~0.46%，铁在各粒级的分布规律是微细粒级铁含量较高，据此，结合工艺过程需要浓缩的要求，首先对粗尾采用搅拌桶进行擦洗，并用 φ700mm 浓密机脱泥，脱泥结果如表 5-8 所示。

表 5-8　粗尾脱泥结果　　　　　　　　　　　　（%）

产品	产率	品　位				占　有　率			
		TFe	Fe_2O_3	Na_2O	K_2O	TFe	Fe_2O_3	Na_2O	K_2O
沉砂	79.83	0.340	0.180	4.62	2.46	62.14	56.43	80.57	78.86
溢流	20.17	0.820	0.550	4.41	2.61	37.86	43.57	19.43	21.14
合计	100.00	0.440	0.250	4.58	2.49	100.00	100.00	100.00	100.00

在磁选、浮选条件试验基础上，对浓密机沉砂进行了磁-浮试验流程（图 5-3），试验结果见表 5-9，云母精矿中白云母含量 60.4%，绢云母含量 29.8%，合计 90.2%。长石、云母精矿指标见表 5-10。

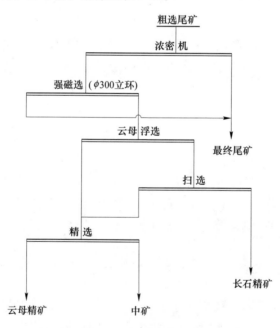

图 5-3　磁-浮试验流程

表 5-9　磁浮试验结果

产品	产率/%	铁品位/%	铁回收率/%
云母精矿	8.46	0.58	11.140
中矿	5.014	0.29	3.290

续表5-9

产品	产率/%	铁品位/%	铁回收率/%
长石精矿	56.158	0.11	14.020
最终尾矿	30.368	1.04	71.550
粗选尾矿	100	0.440	100.000

表5-10 长石、云母精矿指标

产品	产率/%		品位/%			
	对作业	对原矿	TFe	Fe_2O_3	Na_2O	K_2O
长石精矿	56.16	55.430	0.110	0.07	5.84	1.6
云母精矿	8.46	8.350	0.580	0.33	2.55	6.44

5.2 钽铌钨共伴生矿的选冶联合工艺

花岗岩型钽铌矿床常伴生有钨,如栗木矿锡-钽铌-钨矿体、湖南湘东钨矿的钽铌矿体和湖南临武县尖峰坡钽铌矿等都有不同程度的伴生钨。由于黑钨矿与钽铌铁(锰)矿的比重、磁性、导电性及浮游性质差异不大,很难通过物理选矿方法将其分开,因此只能通过选-冶联合工艺实现钽铌与钨的分离。下述选矿实例为某钽铌浸染型花岗岩矿床的钽铌钨选冶联合工艺实例。

5.2.1 工艺矿物学分析

5.2.1.1 原矿物质组成

本例矿床为钽铌浸染型花岗岩型矿床,原矿化学组成如表5-10所示。由表5-11可知,该矿中 Ta_2O_5、Nb_2O_5 含量已达到钽铌矿床工业品位要求;K_2O、Na_2O 含量为6.18%,含量偏低;含有少量的钨、铜、铅、锌、钼、铋,但均未达到综合利用标准。原矿的矿物组成(MLA矿物自动定量检测设备)如表5-12所示。其结果表明,本例矿石中的钽铌矿物较单一,只有钽铌铁矿,钽铌矿物化学成分扫描电镜能谱分析结果表明该钽铌铁矿属于铌铁矿与钽铁矿之间过渡矿物,Nb与Ta之间类质同象替代呈变化状态,Ta_2O_5 在16%~60%之间变化,Nb_2O_5 在19%~62%之间变化;此外,该矿有数量略少于钽铌铁矿的黑钨矿,由于黑钨矿的可选性与钽铌铁矿十分相近,对提高钽铌精矿品位有一定影响;金属硫化矿物数量少,但种类多,以方铅矿和闪锌矿略多,微量毒砂、黄铁矿等,矿石中方铅矿等硫化物与硫银铋矿等银矿物密切连生;其他金属氧化物有微量磁铁矿、褐铁矿等;脉石矿物主要为石英、钠长石、正长石和白云母,极少量磷灰石、金云母、石榴石等。

表 5-11　原矿多元素分析

名称	Ta$_2$O$_5$	Nb$_2$O$_5$	WO$_3$	K$_2$O	Na$_2$O	Cu	Pb	Zn	Bi	Ag
含量/%	0.0153	0.0129	0.015	2.87	3.31	0.014	0.03	0.025	0.0091	18.6g/t
名称	Mo	S	TiO$_2$	Fe$_2$O$_3$	Mn	CaO	Al$_2$O$_3$	SiO$_2$	MgO	
含量/%	0.0039	0.1	0.31	1.09	0.072	0.55	11.31	74.17	0.17	

表 5-12　原矿矿物定量检测结果

矿物	含量/%	矿物	含量/%	矿物	含量/%
钽铌铁矿	0.0399	正长石	8.0111	褐铁矿	0.0316
黑钨矿	0.0293	白云母	17.829	绿柱石	0.1169
锡石	0.0006	金云母	0.0104	硅铍石	0.0058
黄铁矿	0.0126	透辉石	0.0089	锆石	0.004
黄铜矿	0.0078	透闪石	0.0076	磷灰石	0.6104
黝锡矿	0.0075	绿帘石	0.0145	水磷钙钍矿	0.0019
闪锌矿	0.0607	石榴石	0.0118	氟磷锰矿	0.147
辉钼矿	0.0081	绿泥石	0.0056	水磷铝铅矿	0.0022
方铅矿	0.0281	黄玉	0.0014	磷铝锰矿	0.002
铅矾	0.0005	高岭石	0.0284	砷铅铁矿	0.0059
硫银铋矿	0.0011	滑石	0.0051	砷酸铋矿	0.0009
硫铋铜银矿	0.0001	萤石	0.0035	菱砷铁矿	0.0145
自然铋	0.0034	方解石	0.0115	硬锰矿	0.0227
斜方硫铋铅矿	0.007	白云石	0.0039	其他	0.0144
毒砂	0.1891	菱锰矿	0.0173	合计	100.00
石英	42.5902	菱镁矿	0.0004		
钠长石	30.0517	磁铁矿	0.0117		

5.2.1.2　部分矿物嵌布粒度

从原矿中测定钽铌铁矿、黑钨矿和长石嵌布粒度，测定结果见表 5-13。从结果可看出，本矿石中钽铌铁矿的嵌布粒度较细，但粒度较为均匀，主要粒度范围在 0.02~0.16mm，其中约 90% 的钽铌铁矿大于 0.02mm；黑钨矿相对略粗，95%以上的黑钨矿粒度大于 0.02mm。从钽铌铁矿的嵌布粒度来看，需细磨才能单体解离，但应严格控制磨矿，避免过磨，相比钽铌铁矿，黑钨矿的嵌布粒度更适合重选。长石的粒度较粗，主要粒度范围为 0.04~0.64mm。

表 5-13 部分矿物的嵌布粒度

粒级/mm	粒度分布/%		
	钽铌铁矿	黑钨矿	长石
−1.28+0.64	—	—	3.59
−0.64+0.32	—	—	7.18
−0.32+0.16	—	—	17.36
−0.16+0.08	15.06	18.62	35.76
−0.08+0.04	28.26	61.35	25.36
−0.04+0.02	45.67	16.09	8.30
−0.02+0.01	7.37	3.16	2.34
−0.01	3.64	0.78	0.10
合计	100.00	100.00	100.00

5.2.1.3 钽铌在矿石中的赋存状态

根据原矿矿物定量测定结果和各矿物的钽、铌含量，做出钽、铌在各矿物中的分配平衡，其结果表明，钽铌铁矿中赋存的钽占原矿总钽量的 87.99%；以微细粒分散于石英、长石中的钽占原矿总钽量的 2.37%，分散于云母类矿物中的钽占原矿总钽量的 9.64%；铌的走向与钽基本同步，钽的理论回收率 88% 左右；铌钽铁矿中赋存的铌占原矿总铌量的 81.29%；以微细粒分散于石英、长石中的铌占原矿总铌量的 7.95%，分散于云母类矿物中的铌占原矿总铌量的 10.76%，铌的理论回收率 81% 左右。但由于部分铌钽类矿物嵌布粒度微细，难以解离，故重选回收率将难以提高。

5.2.2 选冶联合工艺分析

5.2.2.1 钽铌矿物的重、磁回收

根据原矿的矿石性质，确定了重选、磁选或重磁结合的钽铌矿物回收原则流程。为更好地确定最佳工艺流程，进行了先重后磁和先磁后重两种流程的对比试验。

（1）先重后磁方案试验流程如图 5-4 所示。将原矿磨至 −0.16mm，并筛分成 −0.16+0.074mm 粒级和 −0.074mm 粒级，分别采用细砂摇床及微细粒摇床进行摇床选别，其选别精矿进入高梯度强磁选机进行强磁精选，获得钽铌强磁精矿。其选别试验结果见表 5-14，结果表明最终钽铌矿及其他弱磁性矿物主要富集在强磁精矿中，产率为 0.58%，Ta_2O_5、Nb_2O_5 含量分别为 1.01%、0.71%，回收率分别为 56.35% 和 51.58%。强磁性铁矿物主要富集在弱磁精矿中，产率为 0.04%。

其他非磁性矿物及轻矿物产率合计为 99.38%，微细粒钽铌矿主要损失在重选尾矿中，其中 Ta_2O_5、Nb_2O_5 的占有率在 40% 以上。

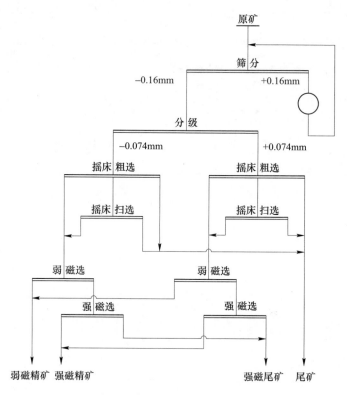

图 5-4　先重后磁试验方案流程

表 5-14　重-磁选别流程试验结果　　　　　　　　　（%）

产品名称	产率	品　位		回收率	
		Ta_2O_5	Nb_2O_5	Ta_2O_5	Nb_2O_5
弱磁精矿	0.04	0.002	0.002	0.01	0.01
强磁精矿	0.58	1.01	0.71	56.35	51.58
强磁尾矿	6.15	0.0048	0.0056	2.89	4.34
重选尾矿	93.23	0.0045	0.0038	40.75	44.07
合　计	100.00	0.0103	0.008	100.00	100.00

　　（2）先磁后重方案试验流程如图 5-5 所示。将原矿磨至小于 0.074mm 占79% 后进行高梯度强磁粗选，获得强磁粗精矿，并将强磁粗精矿分为 +0.074mm、-0.074+0.038mm 和 -0.038mm 三个粒级后分别进入重选精选，获得钽铌重选精矿。其试验结果见表 5-15，结果表明强磁粗精矿经重选精选，可获得重选精矿含

Ta_2O_5、Nb_2O_5 分别为 5.33%、4.83%，对原矿回收率分别为 54.69%、50.94%，重选精矿含 WO_3 为 10.26%，钨的回收率为 64.77%。

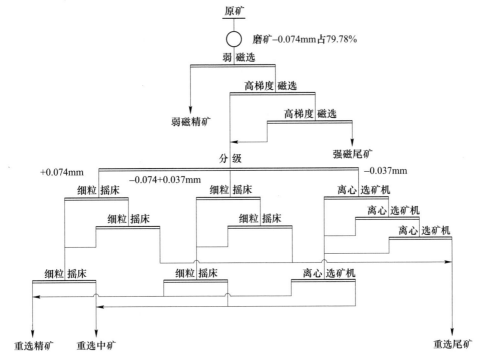

图 5-5 先磁后重试验方案流程

表 5-15 磁-重选别流程试验结果 （%）

产品名称	产率	品 位			回收率		
		Ta_2O_5	Nb_2O_5	WO_3	Ta_2O_5	Nb_2O_5	WO_3
弱磁精矿	0.73	0.009	0.0015	0.03	0.43	0.09	1.15
重选精矿	0.11	5.33	4.83	10.26	54.69	50.94	64.77
重选中矿	0.82	0.34	0.34	0.41	26.24	26.91	3.88
重选尾矿	1.21	0.02	0.02	0.048	2.28	2.41	4.65
强磁尾矿	97.13	0.0026	0.002	0.005	16.35	19.65	25.55
合计	100.00	0.0132	0.0125	0.0190	100.00	100.00	100.00

两种钽铌选别方案所获得的精矿中 Ta_2O_5 和 Nb_2O_5 的回收率比较接近，但是先磁后重方案的精矿中 Ta_2O_5、Nb_2O_5 的品位更高，更有利于钽铌矿物的富集。另外，由于该矿石中的白云母分为两种，一小部分是含铁较高的弱磁性白云母，

呈黑色。大部分是含铁相对较低的非磁性白云母，呈灰白色。考虑到非金属矿物将会综合回收，因此将磁性白云母和非磁性白云母分离，有助于提高非磁性云母精矿的自然白度，同时，其他含铁、含钛的磁性矿物的预先脱出，也又有利于提高长石精矿的煅烧白度。相对于先重后磁流程，先磁后重既能较好地实现钽铌矿物的富集回收，同时又能预先脱出含铁、钛的磁性矿物，兼顾后续非金属矿物的回收，因此推荐采用先磁后重流程。此外，强磁丢尾产率达97%，可大量减少重选设备及占地面积。

5.2.2.2 钽铌钨粗精矿的水冶

由上述试验结果可知，即使采用先磁后重流程，所获得的重选精矿含 Ta_2O_5、Nb_2O_5 分别为 5.33%、4.83%，同时还含有 WO_3 为 10.26%，为了使钽铌矿物与黑钨矿及硅酸盐脉石进一步分离而获得高品位的钽铌精矿，对重选精矿进行了水冶试验，其流程图见图5-6，水冶工艺条件见表5-16，试验结果见表5-17。重选钽

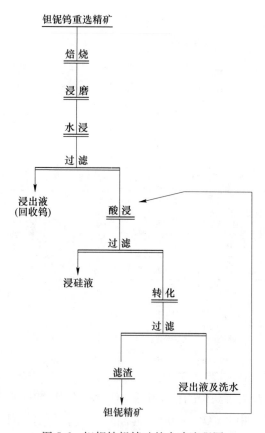

图 5-6 钽铌钨粗精矿的水冶流程图

铌精矿经水冶获得最终钽铌水冶精矿 Ta_2O_5、Nb_2O_5 分别为 27.16%、24.83%，回收率分别为 53.73%、50.49%。钨在浸出液中回收，预计作业回收率可达到 95%，则钨的回收率可达到 61.53%。

表 5-16 水冶工艺条件

工艺过程	工 艺 条 件
焙烧	矿：烧碱：炭 = 1：0.9：0.1，温度 850~900℃，时间 120~150min
水浸	液：固 = 5：1，温度 75~80℃，时间 90min
酸浸	液：固 = 5：1，7.5%HCl，常温，30min
转化	20% HCl 适量，煮沸 20min
灼烧	温度 800℃，时间 60min

表 5-17 钽铌钨重选精矿水冶试验结果 （%）

产品名称	产率		品位		作业回收率		原矿回收率	
	作业	原矿	Ta_2O_5	Nb_2O_5	Ta_2O_5	Nb_2O_5	Ta_2O_5	Nb_2O_5
钽铌水冶精矿	19.28	0.0212	27.16	24.83	98.24	99.11	53.73	50.49
重选精矿	100.00	0.11	5.33	4.83	100.00	100.00	54.69	50.94

5.2.2.3 非磁性矿物的综合回收（银、云母、长石和石英的回收）

非磁性矿物（强磁选尾矿）主要是云母、长石、石英及少量硫化矿，云母以白云母为主，长石以钠长石和正长石为主。由于三种非金属矿物的比重基本相同，因此浮选是实现云母、长石、石英分离的有效手段。三者中长石精矿的质量要求最为严格，除 K_2O、Na_2O 含量需达标外，煅烧白度也是一重要指标，而提高长石煅烧白度的关键在于降低铁、钛的含量。由于云母含 Fe_2O_3 为 2%左右，因此必须脱出云母，才能保证长石精矿质量。三者中云母呈片状结构，可浮性最好，长石、石英的可浮性较为接近。因此非磁性矿物回收的原则流程为"硫化矿浮选-云母浮选-长石、石英分离"，其回收工艺如图 5-7 所示。试验结果表明，最终云母精矿纯度在 95%以上；长石精矿钾钠含量为 9.96%，煅烧白度为48.57%；石英精矿含 SiO_2 为 96.69%；硫化矿精矿含银 2185.69g/t，银的回收率达到 92.83%；其他硫化矿也富集在硫化矿产品中，建议待工业生产后，可开展硫化矿浮选分离试验工作。

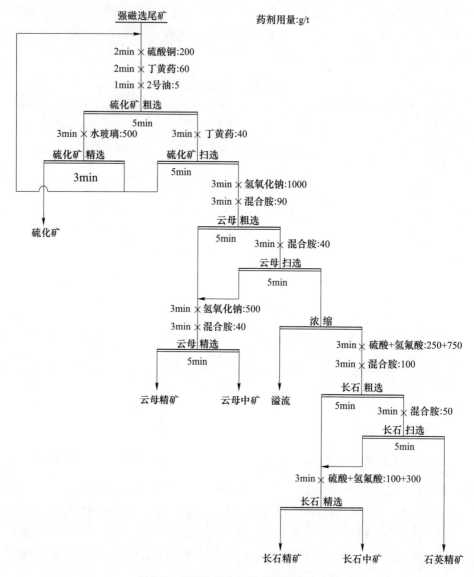

图 5-7 非磁性部分的综合回收试验流程

5.3 碱性花岗岩铌稀有金属矿选矿工艺

5.3.1 工艺矿物学分析

5.3.1.1 原矿物质组成

该矿为大型低品位花岗岩铌稀有金属矿，原矿化学组成如表 5-18 所示，该矿中主要有价元素为铌和稀土。该矿的矿物组成如表 5-19 所示，结果表明矿石中铌和稀土等稀有金属矿物的特点是矿物种类多、含量低。铌矿物主要为铌铁矿、烧绿石和少量褐钇铌矿，并有含铌矿物星叶石。稀土矿物种类更多，分别属稀土磷酸盐、氟碳酸盐、氟化物、硅酸盐等，主要为独居石、氟碳铈矿，其次为磷钇矿、氟铈矿、氟钙钠钇石、硅钙钇石，并有少量含稀土的萤石。锆矿物主要为锆石，其数量与铌矿物和稀土矿物总和相当；金属硫化矿物数量极少，总量不足 0.1%。

表 5-18 原矿多元素分析结果

元素	含量/%	元素	含量/%	元素	含量/%
Ta_2O_5	0.001	Na_2O	4.94	Fe	1.39
Nb_2O_5	0.032	SiO_2	71.01	Mn	0.028
REO	0.092	Al_2O_3	15.48	Rb	0.11
Li_2O	0.030	CaO	0.87	Cs	<0.01
K_2O	4.10	MgO	0.23	ZrO_2	0.13

表 5-19 原矿矿物定量检测结果

元素	含量/%	元素	含量/%	元素	含量/%
铌铁矿	0.0210	锡石	0.0050	黄玉	0.0056
烧绿石	0.0175	石英	18.7776	磁铁矿	0.0682
褐钇铌矿	0.0044	钠长石	46.9567	褐铁矿	0.0966
星叶石	0.0625	斜长石	0.2179	钛铁矿	0.0196
独居石	0.0400	钾长石	26.8124	日光榴石	0.0115
氟碳铈矿	0.0143	绢云母	0.1215	方解石	0.0853
磷钇矿	0.0039	黑云母	3.2118	白云石	0.0271
氟铈矿	0.0010	锂云母	1.2344	菱铁矿	0.0189
氟钙钠钇石	0.0040	辉石	0.0338	锐钛矿	0.0006
硅钙钇石	0.0081	霓石	0.0719	榍石	0.0029
含稀土萤石	0.6780	钠铁闪石	0.7770	磷灰石	0.0048
钍石	0.0125	透闪石	0.0069	白铅矿	0.0041
锆石	0.1608	钙铝榴石	0.0325	硬锰矿	0.0098
黄铁矿	0.0543	绿帘石	0.0459	硅锌铝石	0.0015
黄铜矿	0.0039	电气石	0.0284	重晶石	0.0032
闪锌矿	0.0065	绿泥石	0.0408	方霜晶石	0.0021
硫锑铅矿	0.0002	滑石	0.0263	其他	0.0821
毒砂	0.0083	高岭石	0.0429	合计	100.000
辉钼矿	0.0026	蛇纹石	0.0086		

5.3.1.2　主要矿物的嵌布粒度

该矿中主要矿物的嵌布粒度测定结果见表 5-20，从测定结果可知，独居石、烧绿石、氟铈矿和锆石嵌布粒度相对较粗，+0.04mm 粒级占有率分别为 72%、90%、77%、86%，而铌铁矿、氟碳铈矿和硅钙钇石嵌布粒度略细，+0.04mm 易选粒级占有率分别为 28%、43%、54%、57%，同时可看出铌和稀土矿物中，−0.01mm 的难选粒级也占相当比例，其中在铌铁矿、氟碳铈矿、氟铈矿、硅钙钇石中占有率分别为 17%、9%、8%、9%。

表 5-20　主要矿物嵌布粒度

粒级/mm	主要矿物嵌布粒度/%					
	铌铁矿	烧绿石	独居石①	硅钙钇石	氟碳铈矿	氟铈矿
−0.64+0.32	—	—	50.99	—	—	—
−0.32+0.16	1.25	21.25	4.49	8.46	7.08	—
−0.16+0.08	8.75	44.43	4.91	21.34	11.63	49.23
−0.08+0.04	18.10	24.54	11.29	24.99	24.47	27.87
−0.04+0.02	28.66	6.75	14.64	23.50	29.22	7.57
−0.02+0.01	25.96	1.80	10.15	13.13	18.87	7.79
−0.01+0.005	13.86	0.90	3.02	6.82	7.41	4.60
−0.005	3.42	0.33	0.51	1.76	1.32	2.94
合计	100.00	100.00	100.00	100.00	100.00	100.00

①独居石−0.64+0.32mm 粒级含量属于异常偏高，可能为偶然遇到的粗颗粒。

5.3.1.3　主要有价元素的赋存状态

为判断选矿对于该矿石中有价元素分离回收的可能性和可行性，从工艺矿物学研究角度采用单矿物提纯分离，得到的单矿物样品进行分析检测，研究有价元素在矿石中的赋存状态。

（1）稀土元素的赋存状态：经过检测分析结果可知，该矿的稀土矿物（包括独居石、磷钇矿、氟碳铈矿、氟铈矿、氟钙钠钇石、硅钙钇石、钍石）中赋存的稀土占原矿总稀土量的 71.71%；赋存于铌矿物—烧绿石、褐钇铌矿中的稀土占原矿总稀土的 4.13%，赋存于萤石中的稀土占原矿总稀土 17.64%，赋存于锆石中的稀土占原矿总稀土的 0.70%，以微细粒分散于石英、长石中的稀土占原矿总稀土的 3.83%，分散于黑云母、星叶石中的稀土占原矿总稀土的 0.45%，分散于钠铁闪石、霓石等矿物中的稀土占原矿总稀土的 1.54%。稀土精矿的理论品位 68%，理论回收率 72% 左右。

（2）铌的赋存状态：该矿中铌矿物-铌铁矿、烧绿石、褐钇铌矿中的铌分别占原矿总量的 47.90%、30.05%、5.95%，总计 83.90%。赋存于黑云母（含星叶石）中的铌占原矿总量 13.30%，以微细粒矿物包裹体分散于石英、长石中的铌占原矿总量的 2.69%，分散于钠铁闪石、霓石等矿物中的铌占原矿总量的 0.11%。铌精矿的理论品位 67%，理论回收率 84% 左右。

5.3.2　选别工艺分析

5.3.2.1　原则流程的确定

根据原矿矿石性质，选矿试验主要考虑稀土的回收，并综合回收铌。原矿以块状为主，含泥量少。因此，在破磨过程中不必要进行洗矿和预选。

本矿石中铌和稀土等稀有金属矿物种类多，含量低。铌矿物和稀土矿物密度均大于 4.5g/cm³，铌和稀土矿物具程度不同的磁性，可利用矿物之间的密度差与磁性差与石英、长石等脉石矿物分离，达到分选富集的目的。

本矿石粒度测定结果表明，除独居石嵌布粒度略粗外，主要铌和稀土矿物烧绿石、氟铈矿、铌铁矿、氟碳铈矿、硅钙钇石和钍石嵌布粒度集中 -0.16+0.01mm 粒级，同时，铌和稀土矿物中，-0.01mm 的难选粒级也占相当比例，其中在铌铁矿、氟碳铈矿、氟铈矿、硅钙钇石中占有率分别为 17%、9%、8%、9%。因此，在试验过程中不必进行阶段磨矿阶段选别。

根据铌和稀土矿物的磁性、比重、粒度等特点，选矿试验原则流程初步确定为"磨矿-高梯度磁选-重选-精矿处理（清洗）-干式或湿式磁选"。选矿试验原则流程见图 5-8。

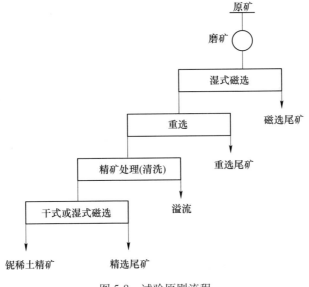

图 5-8　试验原则流程

5.3.2.2　高梯度磁选-重选联合粗选流程

A　高梯度磁选条件试验

矿石中钽铌和稀土矿物具程度不同的磁性，可利用矿物之间的磁性差与石英、长石等脉石矿物分离，达到分选富集的目的。为了提高钽铌和稀土矿物磁选精矿品位及回收率，对影响高梯度磁选的主要因素，即磨矿细度、磁场强度及脉动频率等进行了详细的条件对比试验。

（1）高梯度磁选脉动频率对比试验：在磨矿细度 85%-0.074mm、磁场强度 1000mT 条件下，进行了高梯度磁选脉动频率对比试验。高梯度磁选脉动频率对比试验结果见表 5-21。钽铌稀土回收率随着高梯度磁选脉动频率的增加明显下降，综合考虑磁选精矿钽铌稀土的品位及回收率，脉动频率在 200r/min 比较合适。

表 5-21　高梯度磁选脉动频率对比试验结果

脉动频率/r·min⁻¹	产品名称	产率/%	品位/%		回收率/%	
			Nb_2O_5	REO	Nb_2O_5	REO
0	1000mT 磁	21.36	0.120	0.360	82.32	84.45
	1000mT 非磁	78.64	0.007	0.018	17.68	15.55
	给矿	100.00	0.031	0.091	100.00	100.00
150	1000mT 磁	14.17	0.155	0.517	76.18	79.51
	1000mT 非磁	85.83	0.008	0.022	23.82	20.49
	给矿	100.00	0.029	0.092	100.00	100.00
200	1000mT 磁	11.99	0.205	0.595	77.73	78.65
	1000mT 非磁	88.01	0.008	0.022	22.27	21.35
	给矿	100.00	0.032	0.091	100.00	100.00
250	1000mT 磁	9.59	0.220	0.607	70.00	64.14
	1000mT 非磁	90.41	0.010	0.036	30.00	35.86
	给矿	100.00	0.030	0.091	100.00	100.00
300	1000mT 磁	8.80	0.230	0.585	66.86	55.64
	1000mT 非磁	91.20	0.011	0.045	33.14	44.36
	给矿	100.00	0.030	0.093	100.00	100.00

（2）磨矿细度及磁场强度对比试验：在脉动频率 200r/min 条件下，进行了磨矿细度 65%-0.074mm、75%-0.074mm、85%-0.074mm 及 95%-0.074mm 磁场强度对比试验，试验结果见图 5-9。试验结果表明，磨矿细度 85%-0.074mm，磁场强度 1000mT 比较合适，当给矿含 Nb_2O_5 为 0.031%、REO 为 0.091%时，一次高梯度磁选取得了品位 Nb_2O_5 为 0.197%、REO 为 0.590%，回收率 Nb_2O_5 为

77.47%、REO 为 79.68%的磁选精矿, 抛尾率 87.75%。

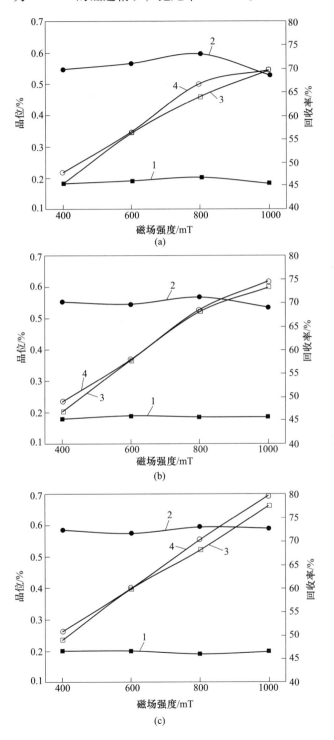

(a)

(b)

(c)

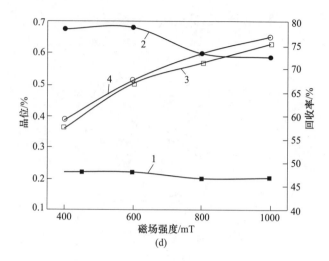

图 5-9　磨矿细度为 65%-0.074mm 磁场强度对比试验（a）、
磨矿细度为 75%-0.074mm 磁场强度对比试验（b）、
磨矿细度为 85%-0.074mm 磁场强度对比试验（c）及
磨矿细度为 95%-0.074mm 磁场强度对比试验（d）
1—Nb_2O_5 品位；2—REO 品位；3—Nb_2O_5 回收率；4—REO 回收率

B　粗选全流程试验

在磁选条件试验基础上，试验研究了"高梯度磁选－重选"联合工艺：采用高梯度磁选机进行粗、扫选，磁选粗、扫选精矿合并进入摇床精选。当给矿含 Nb_2O_5 为 0.032%、REO 为 0.092% 时，全流程试验可获得含 Nb_2O_5 为 3.354%、REO 为 12.237% 的钽铌稀土精矿，回收率 Nb_2O_5 为 44.60%、REO 为 57.86%。试验结果见表 5-22，试验工艺流程见图 5-10。

表 5-22　粗选全流程试验结果　　　　　　（%）

产品名称	产率	品位		回收率	
		Nb_2O_5	REO	Nb_2O_5	REO
摇床精矿	0.435	3.354	12.237	44.60	57.86
精摇尾矿	0.386	0.093	0.319	1.11	1.35
扫摇尾矿	3.327	0.115	0.342	11.80	12.43
溢流	8.541	0.100	0.171	26.34	15.96
磁选尾矿	87.311	0.006	0.013	16.15	12.40
原矿	100.00	0.032	0.092	100.00	100.00

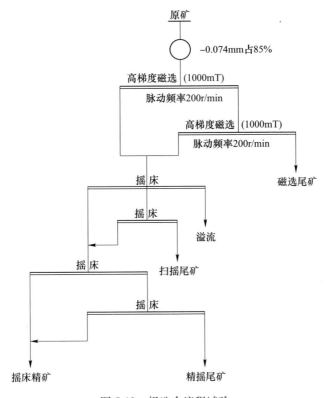

图 5-10　粗选全流程试验

5.3.2.3　精选流程

磁选-摇床获得的钽铌稀土精矿含 Nb_2O_5 为 3.354%、REO 为 12.237%，主要矿物为磁铁矿、铁屑、铌铁矿、氟碳铈矿、独居石、锆石、角闪石，少量磁黄铁矿、石英、长石。铌稀土精矿粒度细，有团絮现象，不加以处理，精选分离效果不佳。本次试验加浓度5%的硫酸，搅拌 30min，清洗后烘干进行干式磁选。干式磁选采用 100mT 磁场强度获得强磁中矿，450mT 获得中磁性中矿，1000mT 获得钽铌稀土精矿，具体流程见图 5-11，试验结果见表 5-23。

5.3.2.4　粗选（磨矿-高梯度磁选）-精选（酸洗-干磁）全流程试验

粗选（磨矿-高梯度磁选）-精选（酸洗-干磁）全流程试验工艺流程见图 5-12。原矿磨矿细度85%-0.074mm，进行高梯度磁选粗选、扫选试验，磁场强度 1000mT，脉动频率 200r/min，磁选粗精矿进行摇床别选，摇床精矿加浓度5%的稀硫酸搅拌 30min，清洗后烘干进行干式磁选，全流程选矿试验结果见表5-24，其中磁性中矿和非磁性中矿合并为铌稀土中矿（表 5-25）。当给矿含 Nb_2O_5

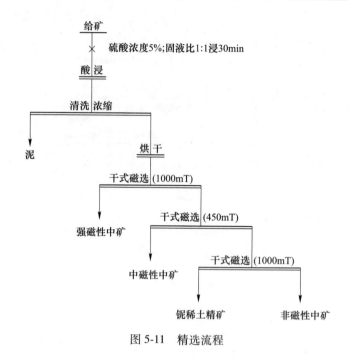

图 5-11　精选流程

表 5-23　摇床粗精矿精选试验结果　　　　　　（%）

产品名称	产率	品位		回收率	
		Nb_2O_5	REO	Nb_2O_5	REO
强磁性中矿	6.90	0.860	1.214	1.79	0.69
中磁性中矿	23.91	3.990	1.169	28.70	2.30
铌稀土精矿	22.07	7.826	47.245	51.95	85.66
非磁性中矿	45.98	1.264	2.999	17.49	11.32
泥	1.15	0.200	0.450	0.07	0.03
给矿	100.00	3.32	12.17	100.00	100.00

为 0.032%、REO 为 0.092% 时，采用"湿式磁选-重选-干式磁选"联合工艺，获得含 Nb_2O_5 为 7.826%、REO 为 47.245%，回收率 Nb_2O_5 为 23.17%、REO 为 49.56% 的铌稀土精矿，以及含 Nb_2O_5 为 2.197%、REO 为 2.373%，回收率 Nb_2O_5 为 20.60%、REO 为 7.88% 的铌稀土中矿；相对原矿总的铌稀土，总回收率为 Nb_2O_5 为 43.77%、REO 为 57.44%；相对原矿中可回收的 84% 铌、72% 稀土，铌稀土回收率 Nb_2O_5 为 52.11%、REO 为 79.78%。

全流程选矿试验工艺简单合理，操作方便，易工业化，与同类型矿石试验指标相比，选矿取得的铌稀土精矿品位及回收率较高。

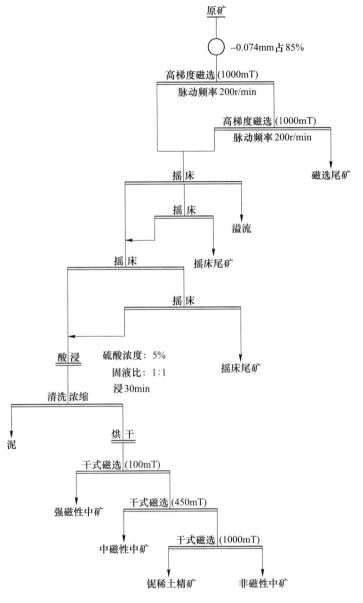

图 5-12 全流程试验

表 5-24 粗选（磨矿－高梯度磁选）－精选（酸洗－干磁）全流程试验结果（%）

产品名称	产率	品位		回收率	
		Nb_2O_5	REO	Nb_2O_5	REO
强磁性中矿	0.030	0.860	1.214	0.80	0.40
中磁性中矿	0.104	3.990	1.169	12.80	1.33

续表 5-24

产品名称	产率	品位		回收率	
		Nb_2O_5	REO	Nb_2O_5	REO
铌稀土精矿	0.096	7.826	47.245	23.17	49.56
非磁性中矿	0.200	1.264	2.999	7.80	6.55
泥	0.005	0.200	0.450	0.03	0.02
精摇尾矿	0.386	0.093	0.319	1.11	1.35
扫摇尾矿	3.327	0.115	0.342	11.80	12.43
溢流	8.541	0.100	0.171	26.34	15.96
磁选尾矿	87.311	0.006	0.013	16.15	12.40
原矿	100.00	0.032	0.092	100.00	100.00

表 5-25　铌稀土中矿　　　　　　　　　　（%）

产品名称	产率	品位		回收率	
		Nb_2O_5	REO	Nb_2O_5	REO
中磁性中矿	34.21	3.990	1.169	62.14	16.85
非磁性中矿	65.79	1.264	2.999	37.86	83.15
合计（铌稀土中矿）	100.00	2.197	2.373	100.00	100.00

5.4　碳酸岩风化壳铌矿选矿工艺

5.4.1　工艺矿物学分析

5.4.1.1　原矿物质组成

通过 MLA（矿物自动定量检测）对矿石的测定结果表明，该矿石中铌矿物和含铌矿物的种类较多，主要是烧绿石、钡锶烧绿石（烧绿石的富钡、锶变种）、铌铁矿、含铌硬锰矿及少量铌铁金红石和易解石，其中烧绿石矿物含量为 0.38%，烧绿石中铌占矿石总铌质量分数 94.89%。锆矿物主要为锆英石，稀土矿物为微量独居石和易解石，其他金属氧化矿物有褐铁矿、磁铁矿、硬锰矿和少量钛铁矿，金属硫化矿物为微量磁黄铁矿。脉石矿物主要为钠长石、钾长石和黑云母，其次为白云母、高岭土、角闪石、磷灰石和少量方解石等。原矿主要元素化学分析结果见表 5-26。

表 5-26　原矿主要元素化学分析

元素	Nb_2O_5	Ta_2O_5	ZrO_2	SiO_2	Fe_2O_3	Al_2O_3	P_2O_5
含量/%	0.25	0.021	0.273	53.40	0.86	21.19	0.023

5.4.1.2 烧绿石的嵌布粒度

本矿石中的烧绿石具有完整的晶形，呈八面体或八面体与菱形十二面体的聚形，多呈自形晶嵌布在钠长石、霞石等矿物中，烧绿石中含长石、锆英石等矿物包裹体，少量的烧绿石充填于长石裂隙中。烧绿石嵌布粒度较均匀，主要粒度范围为 0.01~0.16mm。

5.4.2 选别工艺分析

5.4.2.1 烧绿石浮选前预处理

通常，为了提高铌精矿质量和降低药剂消耗，回收烧绿石的选矿流程加强了脱泥、除铁等选别作业。为避免烧绿石过磨，经试验确定磨矿细度为-0.1mm占100%。磨矿后先用旋流器脱泥，其沉砂用筒式磁选机选出铁质物，以脱除细泥、铁磁性物质对后续烧绿石浮选作业的影响。

在烧绿石浮选过程中，可浮性较好的锆英石可能进入烧绿石精矿，影响最终精矿质量。因此，在烧绿石浮选前应尽可能脱除锆英石，以减小其对烧绿石浮选的影响。烧绿石浮选前预处理流程如图 5-13 所示，试验结果列于表 5-27。试验

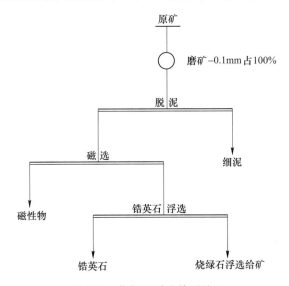

图 5-13　烧绿石浮选前预处理

表 5-27　烧绿石浮选前预处理试验结果　　　　　　　　　　（％）

产品名称	Nb_2O_5 品位	Nb_2O_5 回收率
细泥+铁磁性物+锆英石	—	8.67
烧绿石浮选给矿	0.260	91.33
原矿	0.250	100.00

结果表明，原矿经脱泥、除去铁磁性物和锆英石处理后，其铌损失率为 8.67%，烧绿石浮选给矿 Nb_2O_5 品位为 0.260%。

5.4.2.2　烧绿石的浮选条件试验

烧绿石浮选给矿中主要脉石矿物是硅酸盐矿物、萤石和碳酸盐等矿物。这些矿物的抑制剂，如水玻璃、六偏磷酸钠、焦磷酸、磷酸氢钠和氢氟酸等，对烧绿石有较强的抑制作用，选择性不高。选择合适的脉石抑制剂和矿浆调整剂，同时配合使用选择捕收能力高的捕收剂能扩大目的矿物与脉石矿物的浮游性差异，提高分选效率。

在烧绿石浮选试验中用硫酸调浆，改性水玻璃作脉石抑制剂，硝酸铅做铌矿物的活化剂，选用对烧绿石、铌铁矿、铌铁金红石和易解石具有较强选择捕收能力的螯合剂 GYX 进行浮选试验。图 5-14 为烧绿石浮选条件试验流程。

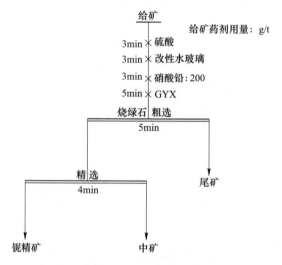

图 5-14　烧绿石浮选条件试验流程

A　改性水玻璃用量对烧绿石浮选的影响

水玻璃为常见的抑制剂，对成分较复杂的矿石，单加水玻璃并不能充分抑制脉石矿物，需要对水玻璃改性以强化水玻璃的选择抑制性能。在硫酸用量为 400g/t，捕收剂 GYX 用量为 400g/t 的条件下，改性水玻璃用量对铌矿物的浮选影响试验结果如图 5-15 所示。试验结果表明，随着改性水玻璃用量的增加，铌精矿品位提高，其回收率先升后降。当改性水玻璃的用量大于 600g/t 时，铌精矿回收率开始下降，因此改性水玻璃适宜的用量为 600g/t。

B　硫酸用量对烧绿石浮选的影响

由于方解石、磷灰石等脉石矿物在碱性介质中的浮游性好于其在酸性介质中

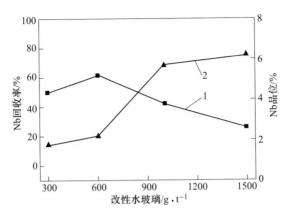

图 5-15　改性水玻璃用量对烧绿石浮选的影响
1—回收率；2—品位

的浮游性，因此，本试验选择在弱酸性介质中进行铌矿物的浮选，试验所用硫酸作为矿浆 pH 值调整剂，其用量对铌浮选的影响试验结果见图 5-16。试验结果表明，在改性水玻璃用量为 600g/t，螯合剂 GYX 用量为 400g/t 的条件下，随着硫酸用量的增加，铌精矿的品位和回收率逐渐提高，当硫酸用量超过 900g/t 后，铌精矿的品位和回收率急剧下降。因此，硫酸的适宜用量为 600~900g/t。

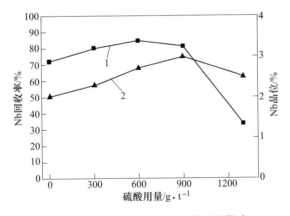

图 5-16　硫酸用量对烧绿石浮选的影响
1—回收率；2—品位

C　螯合捕收剂 GYX 用量对烧绿石浮选的影响

在烧绿石浮选中，捕收剂对其至关重要。本试验采用螯合捕收剂 GYX 作为烧绿石捕收剂，在改性水玻璃用量为 600g/t，硫酸用量为 600g/t 的条件下，按图 5-14 所示的流程进行螯合剂 GYX 用量对烧绿石浮选影响的试验，试验结果见图 5-17。综合考虑铌精矿的品位与回收率，确定 GYX 合适用量为 400g/t。

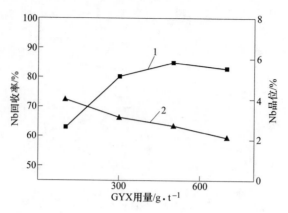

图 5-17　螯合捕收剂 GYX 用量对烧绿石浮选的影响

1—回收率；2—品位

5.4.2.3　烧绿石的浮选闭路试验

将原矿脱除细泥、铁磁性物质和锆英石后，进行浮选回收铌矿物的闭路试验，浮选给矿 Nb_2O_5 品位为 0.260%。按图 5-18 所示的流程进行一粗一扫四精闭

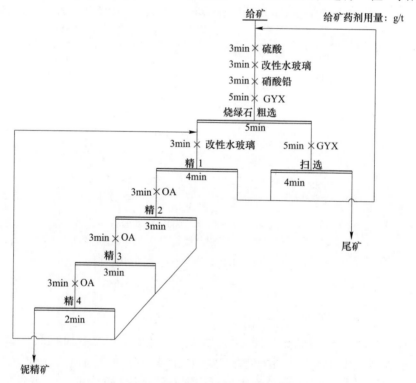

图 5-18　烧绿石的浮选闭路试验流程

路试验。试验中精选 1 作业的调整剂为改性水玻璃、精选 2~4 的调整剂为 OA，试验结果列于表 5-28。由闭路试验结果可知，通过闭路试验获得 Nb_2O_5 品位 27.93%、作业回收率为 86.97% 的铌精矿，铌总回收率为 79.43%。该选别指标较为理想，实现了烧绿石和脉石矿物的有效分离。

表 5-28　烧绿石浮选闭路试验结果　　　　　　　　　　（%）

产品名称	作业产率	Nb_2O_5 品位	Nb_2O_5 作业回收率
铌精矿	0.81	27.93	86.97
尾矿	99.19	0.0341	13.03
给矿	100.00	0.260	100.00

6 钽铌矿的选矿厂实例

6.1 伟晶岩型钽铌矿选矿厂

6.1.1 福建南平钽铌矿

福建南平钽铌矿（闽宁钽铌矿业开发有限公司）位于福建省南平市境内，是大型伟晶花岗岩型矿床，矿区内分布多条钽铌矿脉，其中31号和14号矿脉贮量较大，含 Ta_2O_5 品位高。该矿由福建、宁夏相关企业投资，于2000年建成规模为600t/d的采选厂，后扩产至750t/d规模。

6.1.1.1 矿床类型与矿石性质

该矿是一个大型花岗伟晶岩矿床，2001年对31号和14号矿脉二者之比为2.5∶1的原矿进行化学分析，结果见表6-1。

表 6-1 原矿成分分析结果

成分	Ta_2O_5	Nb_2O_5	Li_2O	BeO	Mn	Cu	TiO_2	Al_2O_3
含量/%	0.038	0.012	0.13	0.038	0.02	0.002	0.15	15.95
成分	SiO_2	ZrO_2	WO_3	Sn	K_2O	Na_2O	Fe_2O_3	
含量/%	70.58	0.033	<0.01	0.065	2.73	4.50	1.03	

原矿主要含钽铌矿物有铌钽铁矿、钽铌铁矿、重钽铁矿、钽铌锰矿、锡钽锰矿和微量细晶石，其他金属矿物有锡石、钛铁矿、褐铁矿、磁黄铁矿、黄铁矿等。脉石矿物有石英、钠长石、钾长石、绢云母、白云母、腐锂辉石、电气石、磷铝石等，其矿物组成见表6-2。该矿要回收的有价矿物为钽铌矿和锡石，可综合回收长石及白云母。钽铌矿物嵌布粒度极不均匀，粗的可达10mm，而细粒仅为数微米，一般为0.01~8mm。锡石的嵌布粒度也极不均匀，只是比钽铌矿物略粗，一般为0.01~8mm。

6.1.1.2 选矿方法与工艺

A 粗选流程

选厂粗选流程如图6-1所示。原矿石一段磨矿采用 ϕ2100mm×3000mm 棒磨

表 6-2 主要矿物组成

矿物	含量/%	矿物	含量/%
钽铌矿物	0.0642	石英	29.2910
锡石	0.0712	长石	39.6026
磁铁矿	0.0578	绢云母	15.6515
黄铁矿	0.0400	白云母	7.6570
黄铜矿	0.0024	锂辉石	0.8616
方铅矿	0.0027	电气石	0.3704
闪锌矿	0.0007	磷铝石	0.2882
褐铁矿	0.4966	围岩岩屑	5.5410
钛铁矿	0.0003	铁屑	0.0008

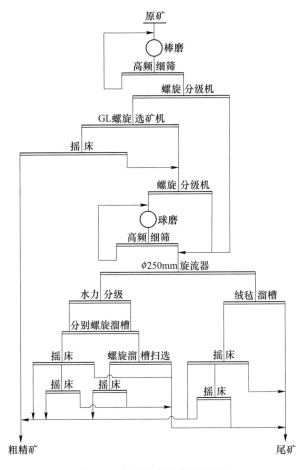

图 6-1 南平钽铌矿粗选流程

机，棒磨机与 GYX31-1007 型高频细筛构成闭路，磨矿粒度为-0.7mm。高频细筛筛下物进入 ϕ1200mm 螺旋分级机进行分级，+0.3mm 粒级（返砂）进入 GL 螺旋选矿机选别，螺旋选矿机的粗精矿用摇床精选得粗精矿，螺旋选矿机及摇床的尾矿进入第二段磨矿。第二段磨矿采用 ϕ2100mm×2200mm 球磨机，球磨机与高频细筛构成闭路，高频细筛的筛下产品粒度为-0.3mm，高频细筛的筛下产品与 ϕ1200mm 螺旋分级机溢流一起进入 ϕ250mm 旋流器，其沉砂进入水力分级箱，分成两级，分别用的 ϕ1200mm 及 ϕ900mn 螺旋溜槽一次粗选一次扫选，螺旋溜槽粗精矿分别用摇床精选获粗精矿。ϕ250mm 旋流器溢流直接用绒毡溜槽和摇床选别得到粗精矿。在粗选流程中采用筛分法从 ϕ1200mm 螺旋分级机溢流和二段选别第一级螺旋溜槽溢流中回收白云母。

所有粗精矿经弱磁选脱铁之后进入精选段。粗精矿含 Ta_2O_5 为 11.41%，锡 20.00%，Ta_2O_5 的回收率为 69%，锡的回收率为 79%。

B 精选流程

精选流程如图 6-2 所示。入精选段的物料筛分成+0.2mm 及-0.2mm 两级，各级分别用干式强磁选机磁选得钽精矿，非磁产品分别经枱浮和单槽浮选脱除硫化矿后，再用干式强磁选机磁选得钽精矿，非磁产品则为锡精矿。钽精矿含 Ta_2O_5 为 28.81%、Nb_2O_5 为 10.2%，精选作业回收率为 89%，对原矿回收率为 62%。锡精矿含 Sn 为 64.38%，精选作业回收率为 84%，对原矿回收率为 66%。

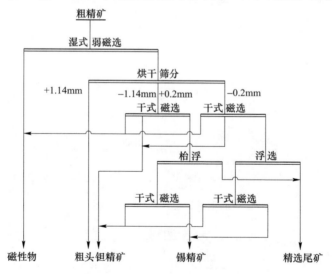

图 6-2 南平钽铌矿精选流程

总尾矿用浓密机脱水，其沉砂进高频筛脱粗杂物，用湿式强磁选机经一粗一扫脱除含铁矿物，该磁性产物含钽较高，用螺旋溜槽和摇床处理产出含 Ta_2O_5 为 3%左右低度钽产品，螺旋溜槽和摇床尾矿进行了再磨再选。磁选尾矿进

ϕ1500mm 螺旋分级机脱水后,其返砂则为长石产品。

南平钽铌矿生产原矿品位 Ta_2O_5 为 0.034%、Nb_2O_5 为 0.012%,产出四种产品:钽铌精矿、锡精矿、长石粉、白云母精矿,锡精矿外销后收回含钽锡渣。钽铌产品外销按品位有三种规格:钽铌精矿品位 Ta_2O_5 为 25%、Nb_2O_5 为 9%~10%,低度钽铌精矿品位 Ta_2O_5 为 3%,含钽锡渣品位 Ta_2O_5 为 9%~10%。三种产品 Ta_2O_5 生产回收率分别为 65%、1%、2%,综合回收率 68%。锡精矿品位 Sn 为 62%,锡回收率为 64%。白云母精矿纯度 99%,年回收约 2000t。

6.1.2 新疆可可托海锂、铍、钽铌矿选矿厂

可可托海矿位于新疆维吾尔自治区境内,为花岗伟晶岩锂、铍、钽铌铷多金属矿床。共有四条矿脉,其中以 3 号脉为最大。可可托海选矿厂设计规模 750t/d,分三个系统:1 号系统处理铍矿石,处理矿石 400t/d。2 号系统处理锂矿石,处理矿石 250t/d。3 号系统处理钽铌矿石,处理矿石 100t/d。

6.1.2.1 矿床类型与矿石性质

该矿为花岗伟晶岩锂、铍、钽铌矿床,矿石含 $(Ta,Nb)_2O_5$ 为 0.015% $(Ta:Nb=1:1)$、BeO 为 0.093%、Li_2O 为 1.29%。钽铌矿物主要是锰钽矿、钽铌锰矿、细晶石,铍矿物主要是绿柱石,锂矿物主要是锂辉石,脉石主要是石英、长石。矿物粒晶,其中钽铌矿物最大为 1~2mm,一般为 0.3~0.08mm;绿柱石一般在 0.2mm 以上;锂辉石一般是 0.2mm。

6.1.2.2 选矿方法与工艺

选厂 3 号钽铌矿石处理系统选矿流程如图 6-3 所示,采用两段磨矿的重-磁-浮流程。第一段棒磨,磨矿粒度-1mm。第二段球磨,磨矿粒度-0.2mm。磨矿产品用 ϕ940mm 旋转螺旋溜槽(螺距 500mm,转速 12~16r/min)粗选;旋转螺旋溜槽尾矿经过 ϕ250mm 旋流器分级,旋流器溢流送 2 号系统浮锂。旋转螺旋溜槽精矿先经弱磁场磁选机除铁,然后分级摇床,摇床尾矿返回球磨机。摇床精矿给入双盘磁选机选出铁屑、钽铌精矿、钽铌中矿和非磁性物料(尾矿)四种产品。磁选钽铌中矿(钽铌-石榴石),采用浮游重选,分选出钽铌和石榴石,铁屑则需经过酸浸、过滤,滤渣即为钽铌精矿。选矿总指标,钽铌精矿品位 $(Ta,Nb)_2O_5$ 为 50%~60%,回收率 62%。

6.1.3 伯尼克湖钽选矿厂

6.1.3.1 矿床类型与矿石性质

伯尼克湖矿(Bernic Lake Mine)位于加拿大马尼托巴(Manitoba)省伯尼克

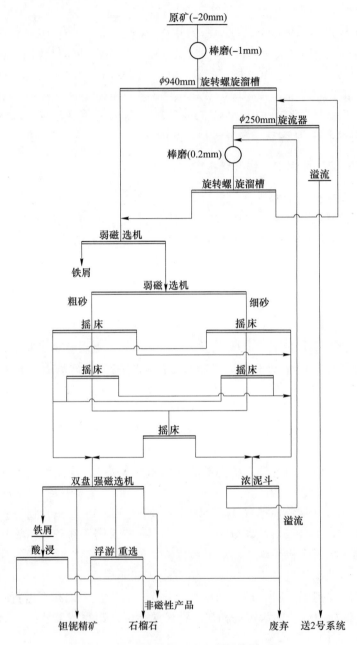

图 6-3　可可托海选矿厂 3 号脉钽铌选矿流程

湖，为大型锂、铷、铯、钽、铍伟晶岩矿床。共有九条矿带，其中钽矿带两条，锂矿带一条，铯矿带一条。所选钽矿带矿石含 Ta_2O_5 为 0.13%，矿石中钽矿物主要有锡锰钽矿、重钽矿、钽锆矿、钽锡矿、铌钽锑矿和细晶石。

6.1.3.2 选矿方法与工艺

选矿厂规模为 830t/d，采用三段闭路破碎，一段闭路磨矿的重选-浮选流程（具体流程见图 6-4）。原矿粒度 330mm，经颚式破碎机，标准圆锥破碎机，短头圆锥破碎机破碎至 -9.5mm，给入筛孔 2.5mm 的泰勒筛，筛上物料进入球磨机，球磨机排矿与 A.C. 筛构成闭路。小于 2.5mm 的物料过 210μm 的德里克筛后，+210μm 物料经过螺旋选矿机和摇床精选后得到精矿，螺旋尾矿返回球磨机。

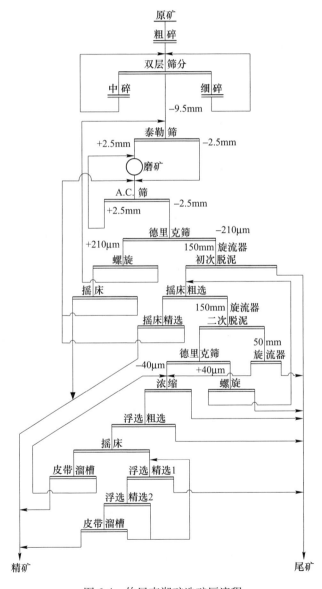

图 6-4 伯尼克湖矿选矿厂流程

-210μm 的物料给入 φ150mm 初次脱泥旋流器脱除 20μm 以下的细泥，旋流器底流用三层挂式砂矿摇床粗选，用精选摇床精选，粗选摇床尾矿则给入 φ150mm 二次脱泥旋流器，旋流器溢流给入 φ50mm 旋流器脱泥（-7μm），旋流器底流给入 40μm 的二次德里克筛、筛上物料（+40μm）送入扫选螺旋回路，筛下物料（-40μm）给入浓缩机，浓缩机沉砂用烷基磺化琥珀酸作捕收剂，硅酸钠和草酸作调整剂，在 pH 值为 2~3 的条件下浮选钽矿物，浮选精矿用霍尔曼摇床-（一号）横流皮带溜槽精选，摇床尾矿经二次浮选，浮选精矿用（二号）横流皮带溜槽选出钽精矿。生产指标，钽精矿品位 Ta_2O_5 为 38.55%，回收率 73%。

6.2　碱性花岗岩钽铌矿选矿厂

6.2.1　宜春钽铌矿选矿厂

宜春钽铌矿位于江西省宜春市境内。宜春钽铌矿选矿厂始建于 1970 年，1976 年建成试生产，由于关键作业设备不过关，生产不正常，一直未能达到设计指标。经技术攻关，于 1982 年开始技术改造，1984 年改造工程完成，1985 年 5 月开始全面流程调试，然后转入正式生产，生产规模为 1500t/d。

2004 年进行了扩产改造，经过两年的调试，流程日趋稳定，产能稳步提高，生产能力已基本达到 2500t/d，年产钽铌精矿实物量可达 150t、锂云母精矿 45kt、锂长石粉 400~450kt。

6.2.1.1　矿床类型与矿石性质

宜春钽铌矿是钠长石化-云英岩化-锂云母化花岗岩型，含钽、铌、锂、铯、铍多种稀有金属的大型矿床。主矿体的矿石有残坡积型表土矿风化型、半风化矿及原生矿三种矿石类型。矿石的变化按矿体由上往下钠化程度逐渐减弱，钽、铌、锂、铷、铯有用元素的含量逐渐下降，有用矿物的嵌布粒度逐渐变细，矿石硬度逐渐变硬，共生矿物相对复杂，主要的有用元素钽、铌的分散率增加。钽铌矿物主要有富锰钽铌铁矿、细晶石、含钽锡石。锂矿物主要是锂云母。铍矿物主要是绿柱石、磷钠铍石。铷、铯绝大部分赋存于锂云母中。脉石矿物以长石、石英为主。其他少量矿物有黄玉、磁铁矿、赤铁矿、钛铁矿、锰矿物、磷灰石等。原矿石成分分析结果见表 6-3，矿物组成见表 6-4。

表 6-3　原矿成分分析结果

成分	SiO_2	Al_2O_3	CaO	MgO	MnO_2	K_2O
含量/%	69.13	18.80	0.103	0.038	0.14	2.95
成分	Na_2O	BeO	TiO_2	ZrO_2	U_3O_8	Sn
含量/%	4.04	0.038	0.032	0.005	0.006	0.027

成分	WO$_3$	Li$_2$O	Rb$_2$O	Cs$_2$O	P$_2$O$_5$	ThO$_2$
含量/%	0.005	0.84	0.25	0.06	0.41	0.002
成分	S	Ca	F	Fe	Ta$_2$O$_5$	Nb$_2$O$_5$
含量/%	0.14	0.002	1.35	0.17	0.016	0.01

表 6-4 原矿矿物组成

矿物名称	含量/%	矿物名称	含量/%	矿物名称	含量/%
高锰铌钽铁矿	0.0168	长石	61.2384	钛铁矿	0.001
细晶石	0.0072	石英	23.6282	锰矿物	0.007
含钽锡石	0.0086	黄玉	1.1351	磷灰石	0.003
锂云母（含锂白云母）	13.9407	磁铁矿、赤铁矿	0.014	合计	100.00

矿石中主要有用矿物为富锰钽铌铁矿、细晶石、含钽锡石，锂云母等。矿物密度见表6-5。

表 6-5 主要矿物密度

矿物名称	高锰铌钽铁矿	细晶石	含钽锡石	长石	石英	锂云母	黄玉
密度/g·cm^{-3}	6.28	5.68	6.41	2.7	2.65	2.87	3.4~3.6

其中，主要矿物的选矿工艺特性如下所述。

（1）富锰铌钽铁矿：斜方晶系，多呈板状晶形或呈粒状星散嵌布于锂云母、长石和石英之中，与含钽锡石紧密共生，与细晶石、锆石嵌布密切，嵌布粒度一般在 0.3~0.1mm 之间，0.4mm 开始出现单体，0.1mm 时单体解离率达95%。

（2）细晶石：等轴晶系，多呈不规则粒状晶形，分布在长石和锂云母之间，与富锰铌钽铁矿，含钽锡石紧密共生，有的颗粒表面为细鳞云母包裹。嵌布粒度一般为 0.2~0.8mm，0.3mm 开始出现单体。0.1mm 时单体解离率达95%。细晶石单矿物分析中 U$_3$O$_8$ 含量为 3.28%。

（3）含钽锡石：正方晶系，不规则粒状或四方双锥晶形，主要呈不规则粒状分散嵌布于长石、石英中，其次分布于锂云母中，与富锰铌钽铁矿、细晶石共生紧密。嵌布粒度般为 0.3~0.8mm，0.4mm 出现单体，0.1mm 时单体解离率为95%。

（4）锂云母：单斜晶系，呈叶片状、鳞片状集合体。产于长石、石英之间，其层理间常嵌布有细微的铌钽矿物颗粒。原矿碎至 0.4mm 时单体解离已达85%。0.1mm 时锂云母单体解离率达99%。

该矿山是含钽、铌、锂、铷、铯、铍等多种稀有金属矿物的共生矿床，脉石矿物以长石、石英为主，是玻璃、陶瓷工业的理想原料，具有较高的综合利用价值。充分发挥其资源优势，做好综合回收是该矿的重要特点。目前生产中除产出钽铌精矿外，还生产锂云母精矿、长石粉和高岭土产品。

6.2.1.2　选矿方法与工艺

原矿洗矿采用振动给矿筛分洗矿机、重型振动筛、单轴振动筛、高频细筛脱水脱泥的联合多层次洗矿工艺流程。实践证明该流程适用于原矿含水含泥量变化幅度大的矿石，洗矿脱泥效率高，矿泥（-0.2mm）洗出率88%以上。

棒磨机与高频细筛组成闭路，螺旋分级机二次分级的磨矿分级工艺流程，可提高磨矿效率，降低有用矿物过磨损失。有用矿物充分解离和分级入选，对重力选矿至关重要。原用弧形筛与棒磨机组成闭路，筛分效率仅35%~56%，而且操作麻烦，改用高频细筛后，筛分效率达80%以上，棒磨机磨矿效率提高5.4%，处理量提高7%~8%。二段球磨采用水力旋流器与螺旋分级机（或细筛）联合脱水、脱细（-0.2mm）工艺，小于0.2mm合格粒级入磨占有率由50%下降至36.5%，球磨机单位处理量由0.405t/（m³·h）提高到0.54t/（m³·h）。选矿工艺流程如图6-5所示。

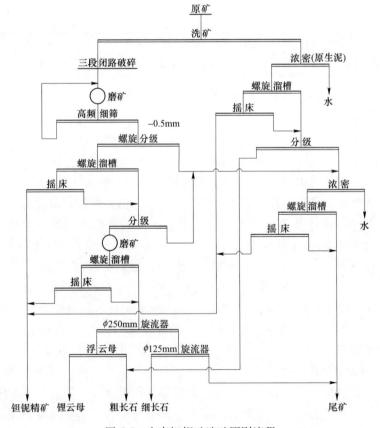

图6-5　宜春钽铌矿选矿原则流程

强化分选前物料的分级、脱泥和脱铁，对重力选矿各段作业至关重要。分层次的分级、脱细，能缩小分选物料级别，加强矿泥集中，提高选别效果。一次分级脱细-0.038mm粒级归队率达70%以上。入选物料在加工过程中有相当数量含铁（0.13%~0.15%）的铁质混入，铁质易于沉积氧化而黏结于选别设备的表面，破坏正常分选过程，影响选矿效果，选用性能适合的磁选设备设于流程的合理部位并及时脱出铁质，对方便操作管理和提高选矿指标均有利。粗选设备采用螺旋溜槽，可丢弃尾矿60%~80%，富集比3~6倍，从而大量减少占地面积大的摇床。

近几年选矿厂的生产指标为：原矿品位（Ta,Nb）$_2$O$_5$为0.023%、Li$_2$O品位为0.75%；精矿品位（Ta,Nb）$_2$O$_5$为44%~47%、Li$_2$O为3.0%~4.5%；回收率（Ta,Nb）$_2$O$_5$为46.5%、Li$_2$O为41%。

生产工艺流程的主要特点有：

（1）破碎前洗矿、洗出的原生细泥单独处理。

（2）阶段磨矿、阶段选别。

（3）泥砂分选。

（4）综合回收效益好。

（5）矿物组成简单，钽铌精矿直接从摇床接取，不需要单独处理。

6.2.2 广西栗木矿新木选厂

6.2.2.1 矿床类型与矿石性质

栗木矿位于广西壮族自治区境内，为锡、钽铌、钨花岗岩多金属矿床。矿石含Sn为0.1377%，（TaNb）$_2$O$_5$为0.0229%（Ta∶Nb=1∶1），WO$_3$为0.257%。锡矿物主要是锡石，少量是黝锡矿和胶态锡。钽铌矿物主要是铌锰矿、锰钽矿、铌铁矿、细晶石。钨矿物主要是黑钨矿。脉石主要有石英、长石。矿物晶粒：锡石一般在0.2mm以下，钽铌矿物和黑钨矿一般在0.1~0.05mm。采用选冶联合流程生产精锡、氟钽酸钾、氧化钽、钽粉、氢氧化钽、氧化铌、仲钨酸铵、氧化钨等产品。整个工艺由粗选厂、精选厂（含锡火冶工段）、水冶厂三个部分组成，是我国第一座钽铌采-选-冶联合企业。

6.2.2.2 选矿方法与工艺

A 粗选厂工艺

栗木矿新木粗选厂的工艺流程如图6-6所示。该工艺流程的主要特点是各段碎矿设有预先筛分，矿石入磨前将产品中细粒级预先筛出，磨机与弧形筛构成一段闭路磨矿，二段球磨与分级斗、摇床组成闭路磨矿，取代原螺旋分级机的二段

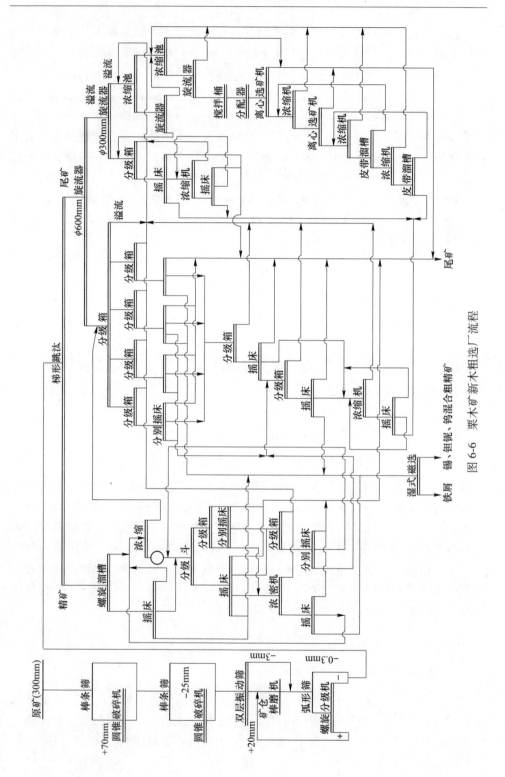

图 6-6 栗木矿游水粗选厂流程

磨矿、二段选别、矿泥集中处理的工艺流程。该流程针对矿石中锡石、钽铌矿物、黑钨矿均性脆的特点，磨矿过程中尽量避免有用矿物过粉碎。分级效果的好坏，也影响各段选别指标，矿泥能否尽可能集中而不流失与分级有直接关系。选前进行三次分级，重选前再分级，第一次采用旋流器分组，二、三次采用分级箱分级。

粗选厂采用二段破碎、二段磨矿的跳汰-螺旋-摇床流程。矿石（300mm）经筛孔为70mm棒条筛，大于70mm矿石送给$\phi400mm\times600mm$颚式破碎机。粗碎产品中大于25mm物料给入$\phi900mm$标准圆锥破碎机破碎至$-25mm$，经过双层振动筛筛分，大于3mm物料给入$\phi2100mm\times3000mm$棒磨机，磨矿粒度0.3mm，棒磨机与弧形筛、螺旋分级机构成闭路。小于0.3mm物料给入梯形跳汰机，跳汰精矿用螺旋溜槽-摇床选出部分粗精矿，尾矿给入球磨机，再磨至0.15mm。经分级斗分级，分级斗溢流（$-0.15mm$）采用分级摇床。分级斗沉砂（$+0.15mm$）先用摇床选出部分精矿，丢弃部分尾矿，然后将摇床中矿返回磨矿回路，做到"早收早丢"，避免了过磨碎。跳汰尾矿经过$\phi500mm$、$\phi300mm$、$\phi125mm$和$\phi75mm$旋流器分级、脱泥，旋流器沉砂用摇床选别，旋流器溢流用离心选矿机、皮带溜槽选矿，获得的锡-钽铌-钨总粗精矿含Sn为12.54%，$(Ta,Nb)_2O_5$为1.614%，WO_3为1.139%，粗选回收率Sn为52%~53%，$(Ta,Nb)_2O_5$为41%~42%，WO_3为64%~65%，送精选厂进一步处理。尾矿为玻璃、陶瓷原料。

B　精选厂工艺

精选厂（含锡火冶工段）采用选冶联合流程，详见图6-7。来自粗选厂的锡-钽铌-钨混合粗精矿先用7%盐酸在温度80℃的条件下搅拌煮洗，然后经过水力分级机分级、水力旋流器脱泥和摇床选别等作业。摇床精矿先用弱磁场磁选机除去铁矿物，然后用干式强磁选机分选出磁性和非磁性两组矿物。磁性矿物为钽铌铁矿-黑钨矿（即钽铌-钨混合精矿）送水冶厂处理。非磁性矿物为锡石-硫化矿物，再经浮游重选脱除硫化矿，所得锡精矿送给火冶工段炼成精锡。锡渣中尚含$(Ta,Nb)_2O_5$为10%~12%，送给水冶厂处理。流程中产生的细泥，集中给入沉淀池，再经$\phi300mm$和$\phi125mm$旋流器分级，旋流器底流用弹簧摇床选别。旋流器溢流用圆弧槽选别。选出的细泥精矿经过苏打焙烧、浸出，浸出渣送火冶厂处理，获得精锡和钽铌锡渣。浸出的钨溶液经净化合成得合成白钨，与含钽铌锡渣一并送水冶厂处理。精选指标：精锡含锡99.8%，回收率76%~85%；锡渣含$(Ta,Nb)_2O_5$为10%~12%。钽铌-黑钨混合精矿含$(Ta,Nb)_2O_5$为17%、WO_3为37%、Sn为6%，回收率$(Ta,Nb)_2O_5$为87%，WO_3为90%。

C　水冶厂工艺

水冶厂采用碳酸钠焙烧、氢氟酸分解、仲辛醇萃取工艺（具体见图6-8）。整个工艺由富集段，钽铌萃取分离段，钨锡综合回收段三个部分组成。首先将钽

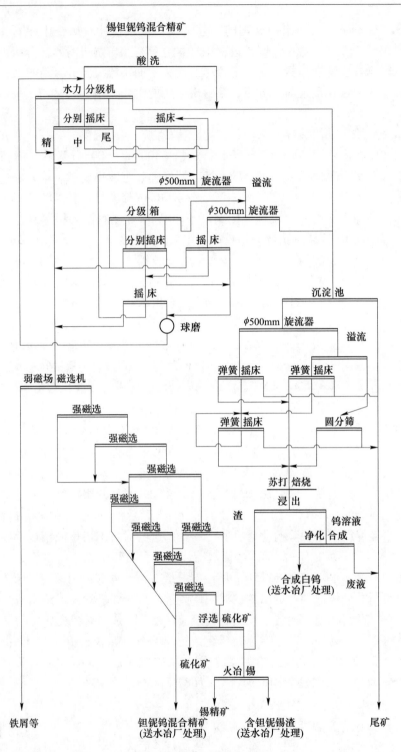

图 6-7   栗木矿精选厂流程

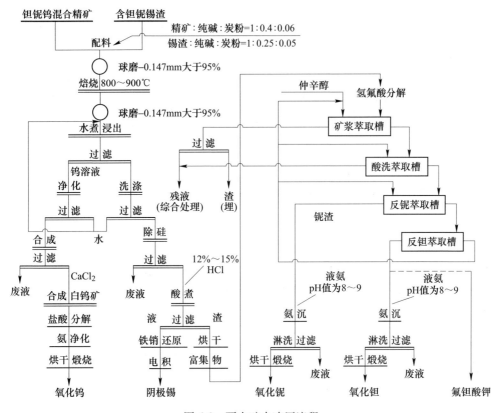

图 6-8 栗木矿水冶厂流程

铌-黑钨混合精矿和含钽铌锡渣送富集段经过配料（精矿：纯碱：炭粉＝1：0.4：0.06；锡渣：纯碱：炭粉＝1：0.25：0.05）、磨矿（-0.5mm>95%）、焙烧（800~900℃）、磨矿、水煮浸出、过滤等工序。含钨溶液送钨锡综合回收段用镁盐净化法脱除磷、砷、硅，然后加氯化钙（$CaCl_2$）合成白钨矿，再用盐酸分解，氨净化，生产工业级氧化钨。滤渣用稀酸脱硅、盐酸煮、过滤等工序，其滤液经铁屑还原、电积，在阴极产生 Sn 为 75%~85%的电积锡。渣即人造钽铌精矿，送萃取分离段用氢氟酸分解，仲辛醇萃取，钽铌进入有机相，加反铌剂 $2NH_2SO_4$ 反萃取铌溶液，再加反钽剂纯水萃取钽溶液。铌溶液经氨沉、煅烧获得氧化铌（含 Nb_2O_5 为 98.72%）产品，钽溶液经氨沉、煅烧获得氧化钽（Ta_2O_5 为 99.84%）和氟钽酸钾产品。水冶指标：氧化钽品位 Ta_2O_5 为 99.84%。氧化铌品位 Nb_2O_5 为 98.72%，钽铌水冶回收率 85.97%；氧化钨品位 WO_3 为 99.8%，钨水冶回收率 81%。

6.3　钽铌砂矿选矿厂

6.3.1　泰美钽铌矿选矿厂

6.3.1.1　矿床类型与矿石性质

泰美钽铌矿位于广东省境内，为中型花岗岩风化壳铌铁矿矿床。开采的矿区有博罗 521 矿区和泰美 524 矿区，其中以 521 为主要矿区。原矿含 Nb_2O_5 为 0.029%。矿石中主要金属矿物有铌铁矿、细晶石、易解石、富铪锆石、钍石、磷钇矿。脉石主要有石英、长石。矿物粒晶，其中铌铁矿一般小于 0.1mm，富铪锆石一般小于 0.074mm。

6.3.1.2　选矿方法与工艺

A　粗选流程

该矿选矿厂分粗选和精选两个部分。粗选采用重-磁-重流程（图 6-9）。原矿（水枪开采）先通过筛选，大于 0.5mm 部分不含矿则废弃。0.5~0.3mm 物料采用摇床选别，小于 0.3mm 物料经 ϕ12m 浓缩机浓缩，浓缩机溢流（-0.075mm）废弃，浓缩机沉砂（0.3~0.074mm）送给 ϕ1.5m 立环湿式强磁选机，经过一次粗选、一次扫选，磁性部分用摇床精选，获得的铌铁矿粗精矿品位为 7%~8%，Nb_2O_5 回收率为 44.75%，送精选厂进一步处理。

B　精选流程

精选采用重选-磁选-电选-浮游重选组合流程（图 6-10）。铌铁矿粗精矿先经筛选，大于 4mm 物料不含矿废弃，小于 4mm 物料经过水力分级箱分级，各级物料分别用摇床选出高锡铌精矿、铌精矿、次精矿三种产品。各种产品经筛分成+0.9mm 和-0.9mm 两个粒级，用双盘或三盘干式强磁选机选出铌铁商品精矿。磁选中矿用浮游重选选出独居石，非磁性物料用摇床选别，摇床精矿返回分级箱，摇床中矿用电选选出锆石。生产指标：铌铁矿精矿含 Nb_2O_5 为 60%，回收率 95%（对原矿 42.51%），同时还回收了部分锆石和独居石产品。

6.3.2　坂潭砂锡-钽铌矿选矿厂

6.3.2.1　矿床类型与矿石性质

坂潭砂锡-钽铌矿位于广东省境内，为河流冲积锡、钽铌多金属矿床。原矿含锡石 479g/m^3，铌铁矿 34g/m^3，钛铌铁矿 69.8g/m^3，独居石 34g/m^3，钛铁矿 839g/m^3，磷钇矿 18.3g/m^3，曲晶石 1.3g/m^3；脉石主要有石英、长石、黄玉。矿物晶粒：锡石最大为 0.92mm，一般为 0.5~0.02mm，铌钽矿物最大为 0.4mm，一般为 0.2~0.01mm。

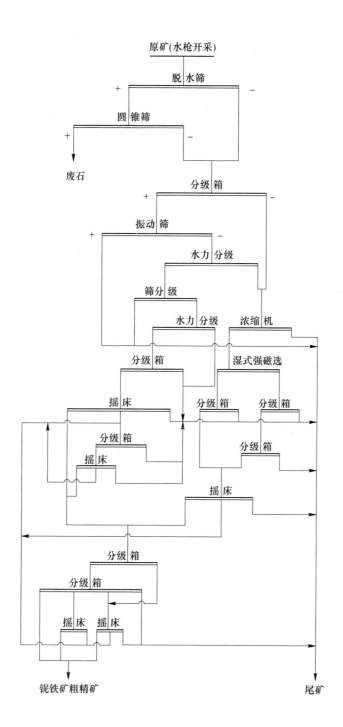

图 6-9 泰美钽铌矿粗选厂流程

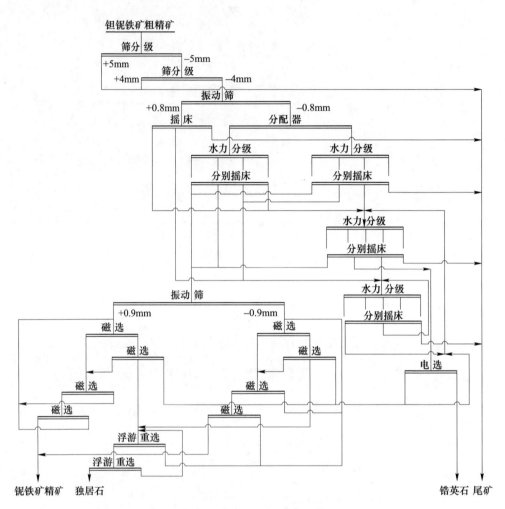

图 6-10　泰美钽铌矿精选厂流程

6.3.2.2　选矿方法与工艺

A　粗选流程

选矿厂整个工艺分粗选、精选两个部分。粗选采用跳汰-组合尖缩溜槽-摇床组合流程（图 6-11）。原矿（水枪开采）给到 6mm 圆筒筛，大于 6mm 物料不含矿废弃，小于 6mm 物料经过水力分级，6～0.25mm 粒级给入广东甲型跳汰机，跳汰精矿给入广东丙型跳汰机精选。-0.25mm 粒级通过 500mm 旋流器，旋流器底流用组合尖缩溜槽选别。矿泥集中先用 φ125mm 旋流器脱除 0.051mm 部分细泥，然后经水力分级，各级物料分别用摇床选别。获得的锡-钽铌粗精矿含 Sn 为 1.433%，(Ta, Nb)$_2$O$_5$ 为 0.38%，送精选厂进一步处理。

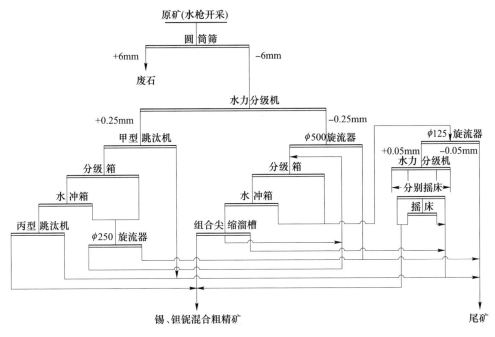

图 6-11 坂潭砂锡-钽铌矿粗选厂流程

B 精选流程

精选采用重选-磁选-电选-浮游重选的组合流程（图 6-12）。锡-钽铌粗精矿先通过 3mm 振动筛：大于 3mm 物料不含矿废弃；小于 3mm 物料给入分级斗。分级斗沉砂采用跳汰机-摇床选别，分级斗溢流经水力分级后采用摇床选别。跳汰和摇床精矿根据其矿物组成、密度、相对磁化系数和相对导电率的差异，首先用磁选机选出磁铁矿，非磁性部分经筛分级（分 +0.25mm，-0.25+0.18mm，-0.18mm 三级），分别给入电选机。导体物料给入磁选机，用不同磁场强度选出钛铁矿、铌铁矿和钛铌钽矿三种产品。非导体物经分级用摇床选别，摇床精矿、中矿分别给入磁选机，磁性物料经浮游重选-磁选-电选，分选出独居石、磷钇矿和锆石三种产品。

生产指标：锡精矿含 Sn 为 71.23%，回收率 49.02%（对原矿），铌铁矿精矿含 $(Ta,Nb)_2O_5$ 为 57%，钛铁铌钽矿含 $(Ta,Nb)_2O_5$ 为 27%，还回收了钛铁矿，独居石，磷钇矿和锆石四种产品。

6.3.3 格林布什钽矿选矿厂

格林布什矿（Greenbushes）位于西澳大利亚西南部，距佩斯（Perth）市南部约 300km，距 Bunbury 港口约 80km。格林布什矿是世界上最大的稀有金属花

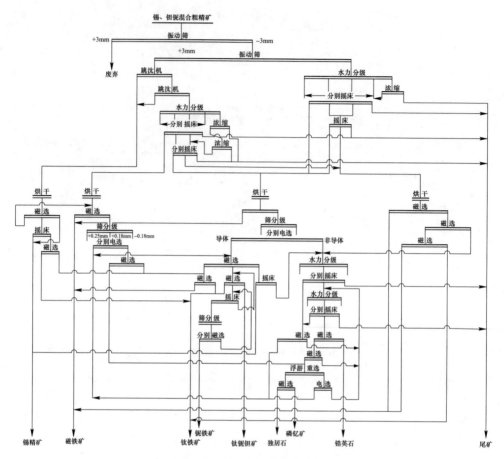

图 6-12　坂潭砂锡-钽铌矿精选厂流程

岗岩带和最大的原生钽矿，也是世界上最大和品位最高的锂矿。格林布什矿的总贮量超过 46000kt，Ta_2O_5 储量达 10.6kt。

格林布什矿选厂处理的矿石系风化的黏土伟晶岩，由风化的石英、云母、电气石组成。原矿含锡石 $250g/m^3$，钽铁矿 $60g/m^3$。钽矿选矿分粗选、精选两部分。粗选包括风化伟晶岩冲积黏土粗选厂、原生伟晶岩粗选车间和尾矿再选车间。粗精矿集中由精选车间处理。

选矿厂年处理矿量 350 万吨。粗选选矿流程见图 6-13。

三个粗选厂生产的高品位粗精矿含 Sn 为 40%、Ta_2O_5 为 8%，低品位粗精矿含 Sn 为 5%、Ta_2O_5 为 2%。两种粗精矿送精选车间进行多段湿式和干式精选。精选流程如图 6-14 所示，最终得到含 Sn 为 72%、Ta_2O_5 为 3%、Sb 为 1% 的锡精矿；含 Ta_2O_5 为 40%~42%、Nb_2O_5 为 25%~28%、Sn 为 3%~5%、Sb 为 0.5%~1% 的钽精矿。锡精矿中的锑先在 1000℃ 温度下，用硫化焙烧方法挥发锑，再经

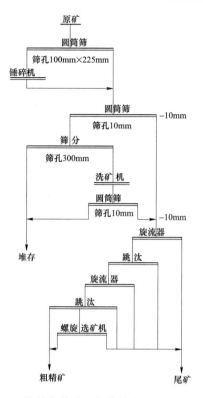

图 6-13 格林布什矿风化伟晶岩黏土矿粗选流程

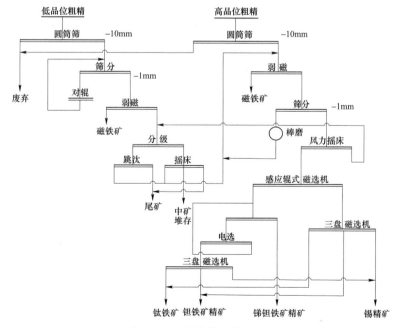

图 6-14 格林布什矿精选流程

电炉熔炼得锡锭和含钽锡渣，钽铁矿中的锑锡采用 1000℃ 还原焙烧方法使其生成锑锡合金予以分离。锑钽铁矿精矿用原熔炼方法得锑锡合金和含钽锑渣。

6.4　碳酸盐烧绿石选矿厂

6.4.1　尼奥贝克烧绿石矿选矿厂

6.4.1.1　矿床类型与矿石性质

尼奥贝克位于加拿大魁北克省希库提米市东北 11km 的圣·霍诺雷，于 1976 年投入生产，目前该厂的生产能力为 260t/h，未来计划将扩产至 425t/h，为地下开采的碳酸盐型烧绿石矿床。烧绿石赋存在碱性碳酸盐中，其类型主要为钠烧绿石，即（Ca，Na）$_2$Nb$_2$O$_6$(OH，F)；碳酸盐矿物占到矿石的 64.9%，主要为白云石和方解石，硅酸盐矿物占 11%，主要是黑云母、绿泥石、长石和辉石等，磷灰石占 10%，磁铁矿、赤铁矿和钛铁矿等含铁矿物占 12%，含铌矿物为烧绿石和铌铁矿，二者比例为 10∶1，其中烧绿石的粒度小于 0.2mm。由于碳酸盐矿石硬度不大，在磨矿过程中易产生泥化，对烧绿石浮选影响较大。而烧绿石晶体较脆，容易破碎，因此，控制磨矿过程是减少烧绿石损失的关键。

6.4.1.2　选矿方法与工艺

选矿流程见图 6-15。流程包括分级脱泥、碳酸盐浮选、再脱泥、磁选、烧绿石浮选、黄铁矿浮选、烧绿石精矿浸出脱磷和浸出渣浮硫八个部分。

A　烧绿石浮选前预处理工艺

碳酸盐浮选按 0.2～0.04mm 和 0.04～0.01mm 两个粒级分别进行，用乳化脂肪酸作捕收剂，硅酸钠作烧绿石的抑制剂和软化剂，在 pH 值约为 8 的条件下，浮出 25%～30% 的碳酸盐，其中损失的烧绿石占总量的 2%～5%。两个碳酸盐浮选段的尾矿经 ϕ254mm 和 ϕ100mm 两组旋流器脱除次生的 -10μm 的细泥，并用优质软化水代替硬水，使总盐含量大大降低。旋流器沉砂经过两个串联的鼓形埃利兹磁选机选出磁铁矿，非磁性物料送烧绿石浮选段处理。

B　烧绿石的浮选

原矿经过脱泥、脱碳酸盐、磁选后所得的非磁性物料进入烧绿石的浮选作业。该部分物料用草酸、氟硅酸及乳化脂肪二胺醋酸盐，在 pH 值为 6.8～7.5 的条件下浮选烧绿石，烧绿石粗精矿经五次精选，每次精选都添加草酸和氟硅酸，调整矿浆 pH 值，一次至五次精选 pH 值依次为：5.5、4.5、3.5、3、2.7。每次精选富集比平均 1.9 倍，获得含 Nb$_2$O$_5$ 为 45%～50% 的精矿，需脱硫、脱磷后才能得到商品烧绿石精矿。

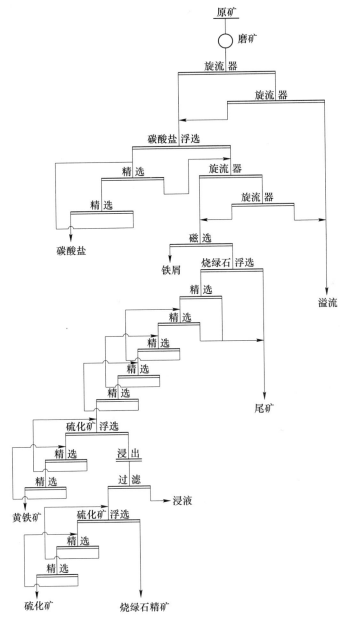

图 6-15　尼奥贝克烧绿石选矿厂流程

C　烧绿石浮选精矿的除杂

烧绿石浮选回路所得的泡沫产品（烧绿石浮选精矿）加 NaOH 调 pH 值至 11，加木薯淀粉抑制烧绿石，加戊基钾黄药选黄铁矿，可将 95% 的黄铁矿浮出，槽内产物送浸出作业进一步处理。将槽内产物浓缩后加 HCl（1.816kg）浸出，使部分磷灰石溶解。浸出渣送另一浓缩机脱除溶液，并加少量新鲜水洗涤，沉砂给入第二浸出槽，加 HCl 227g/L，pH 值为 0.5。经过两次连续浸出，可使磷含量降到 0.1% 以下。浸出渣经过滤后送调浆桶调浆，加 $CuSO_4$ 活化剩余的硫化物，加 HCl 调整 pH 值至 0.5，加黄药浮出硫化物。槽内产物（烧绿石精矿）含 Nb_2O_5 为 60%~62%，S 为 0.1%，P_2O_5 为 0.07%，SiO_2 为 2.02%，铌总回收率约为 58%。

烧绿石浮选过程经过了脱泥、脱除碳酸盐、脱硫、除铁等工艺，导致铌损失较为严重。另外各个作业之间 pH 值在酸性和碱性条件之间经常变化（碳酸盐浮选的为碱性环境，铌浮选为酸性环境），pH 值从 6.8 降至 2.7 左右，一次硫化物浮选为碱性环境，盐酸浸出的 pH 值为酸性，二次硫化物浮选的为碱性环境，工艺流程的复杂性及作业环境要求设备具有较强的耐腐蚀性。

6.4.2　阿拉克萨烧绿石矿选矿厂

6.4.2.1　矿床类型与矿石性质

阿拉克萨铌矿位于巴西 Araxa 市南区，属于碳酸盐复合矿床，上层为深度风化红土矿，下层为未风化碳酸盐矿床。矿床上部 250m 主要是风化红土矿，这部分矿石由于风化淋滤和地质作用，铌得到富集，含铌的主要矿物烧绿石中的钙和钠逐渐为钡、锶所取代，形成了钡锶烧绿石 $(Ba,Sr)_2(Nb,Ti)_2O_6(OH,F)$，其他主要矿物有褐铁矿/针铁矿（36%）、重晶石（20%）、磁铁矿（16%）、磷钡铝矿（6%）、钛铁矿（5%）、独居石（4%）和石英（4%）等。矿床 250m 以下的原生矿主要矿物有白云石、方解石、辉绿石、磁铁矿、磷灰石和烧绿石，局部地区的矿石还含有辉石和橄榄石类矿物。

6.4.2.2　选矿方法与工艺

该矿目前开采的为上层风化红土矿，采用选-冶联合工艺，产出氧化铌和铌铁，整个工艺为选矿、浸出和铌冶炼三部分，在此对其选矿及浸出工艺进行介绍（如图 6-16）。

A　烧绿石浮选前预处理工艺

原矿经过破碎后通过皮带传送至球磨机，溢流式球磨机和旋流器组成了磨矿回路。矿石中烧绿石粒度较细，矿浆中 $-104\mu m$ 的颗粒大于 95% 时，即可获得最佳解离度，此时 45% 的原矿颗粒和 55% 烧绿石颗粒均小于 $37\mu m$。由于矿石中含有磁铁矿，首先在低磁感应强度（800~900Gs）下进行磁选，并获得含铁 67% 的铁精矿。非磁性部分进行脱泥工序。烧绿石浮选对微细粒的矿泥敏感，当矿泥达到一定程度时，浮选无法进行。而风化严重的红土矿中含有大量粒度 $-5\mu m$ 的矿

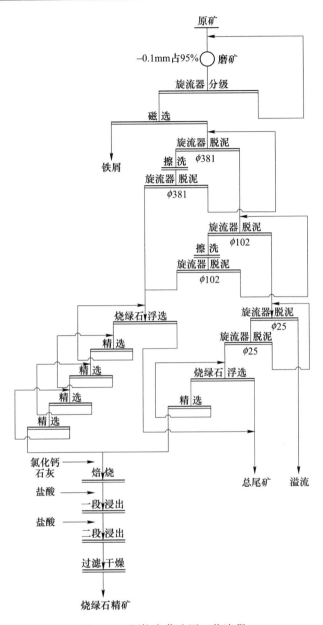

图 6-16 阿拉克萨选厂工艺流程

泥以及在磨矿过程中形成的次生矿泥。

脱泥工序使用三段旋流器组，主要脱除−5μm 的颗粒。矿石由 φ318mm 旋流器脱泥后进行擦洗，然后再次脱泥，经过两次脱泥的颗粒进入粗粒浮选工艺。两次脱泥的溢流进入由 φ102mm 的旋流器组成二段脱泥工序，脱泥后的颗粒同样进入粗颗粒浮选工艺，其溢流进入三段脱泥。经 φ25mm 旋流器组成的第三段脱泥工序产生的颗粒进入细颗粒浮选工艺，其溢流作为矿泥丢弃。脱泥过程中除掉的矿泥占总重量的 12% 左右，而烧绿石损失为 5%~7%。

B　烧绿石的浮选

烧绿石的浮选采用氟硅酸做活化剂，盐酸调节 pH 值至 2.5~3.5，胺类阳离子药剂做捕收剂。粗选的精矿经浓缩后再进行四次精选，最终获得含 Nb_2O_5 为 55%~60% 的精矿。由于磷、硫、铅含量较高，需送焙烧-浸出厂进一步处理。

C　烧绿石浮选精矿的除杂

烧绿石浮选精矿经过滤后，滤饼与 25% 的氯化钙，5% 的石灰混匀，经回转窑中 800~900℃ 高温焙烧，使氯化铅挥发，钙取代水钡锶烧绿石晶格中的钡，生成氯化钡，冷却后用 5% 的盐酸以 50% 的固体浓度进行浸出、清洗以溶解其中的磷和硫，这一步分为两次进行，而后经干燥、获得精矿中含 Nb_2O_5 为 59%~65%，$w(P) \leqslant 0.1\%$，$w(S) \leqslant 0.05\%$，$w(Pb) \leqslant 0.05\%$。

6.4.3　卡塔拉奥烧绿石矿选矿厂

6.4.3.1　矿床类型与矿石性质

卡塔拉奥矿（Catalao）是巴西另一个较大的烧绿石矿山。矿山位于巴西的戈亚斯州，卡塔拉奥市东北 20km，北距巴西利亚 260km，属于碳酸盐型矿床，矿石主要铌矿物为烧绿石 $(Ca,Na)_2Nb_2O_6(OH,F)$，脉石矿物主要为碳酸盐类矿物和硅酸盐类矿物，矿物量分别为 36% 和 41%。碳酸盐类矿物包括方解石、白云石、铁白云石等，硅酸盐类矿物包括钾长石、金云母、铁金云母、黑云母、钠铁闪石、角闪石等，铁、钛矿物量占 13% 左右，主要为磁铁矿、钛铁矿、菱铁矿等。

6.4.3.2　选矿方法与工艺

该矿采用"磨矿-脱泥-反浮选脱碳酸盐-反浮选脱硅酸盐-弱磁除铁-烧绿石浮选-浮选脱硫-浸出"的选冶联合工艺对烧绿石进行回收，具体流程见图 6-17。

A　烧绿石浮选前预处理工艺

原矿经破碎后进入棒磨机，棒磨机磨矿产品再进入到旋流器和球磨机组成的磨矿分级系统。获得的旋流器溢流首先进行了四次脱泥，各段旋流器脱泥的沉砂进入到下一脱泥作业，获得的四次沉砂进入到浮选作业，二次脱泥的溢流返回到一次脱泥，四次脱泥的溢流返回到三次脱泥；一次和三次脱泥的溢流又进行了二段脱泥，二段脱泥的溢流作为矿泥抛弃，获得的最终沉砂返回到三次脱泥作业；获得的四次旋流器沉砂进入到一粗一精反浮选脱硅酸盐作业，采用醚胺作为捕收剂，氢氧化钠+淀粉作为抑制剂，调节 pH 值到 10 左右，脱除硅酸盐矿物。脱硅

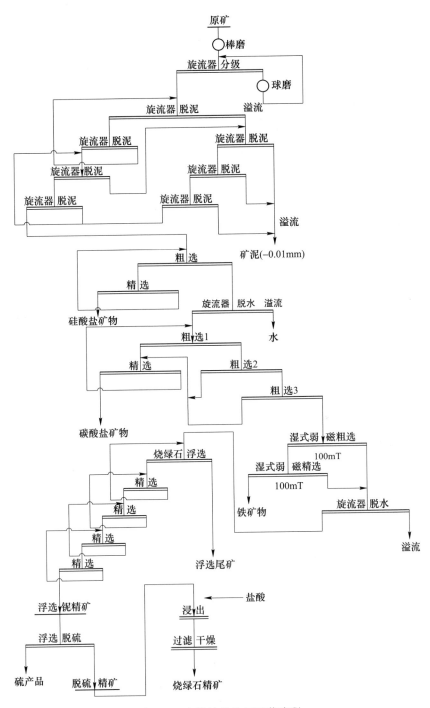

图 6-17 卡塔拉奥选厂工艺流程

酸盐的尾矿经浓缩脱水后进入到三粗一精反浮选脱碳酸盐作业,采用脂肪酸类捕收剂,氢氧化钠+淀粉作为抑制剂,调节 pH 值至 10 左右,脱除大部分碳酸盐矿物和磷酸盐矿。脱碳酸盐的尾矿进入到一粗一精弱磁除铁作业,脱除大部分的铁矿物,获得的弱磁尾矿经旋流器浓缩后,沉砂进入烧绿石浮选作业。

　　B　烧绿石的浮选及精矿除杂

　　原矿经过"脱泥-脱碳酸盐-脱硅酸盐-磁选"后所得到的非磁性物料进入烧绿石的浮选作业,烧绿石的浮选采用胺类作为捕收剂,氟硅酸作为调整剂,粗选作业 pH 值在 5 左右,精选作业继续加入氟硅酸调节 pH 值至 2 左右,经过一粗四精获得浮选铌精矿;获得的浮选铌精矿进入到脱硫作业,脱硫后的烧绿石精矿经过浸出、过滤、干燥后获得最终铌精矿产品。

6.5　国内外主要钽铌选矿厂汇总

　　国内外主要钽铌选矿厂基本情况列于表 6-6。

表 6-6　国内外钽铌选矿厂基本情况

序号	选矿厂名称	规模 /t·d⁻¹	矿床类型及矿物组成	工艺流程简介	产品名称	(Ta,Nb)₂O₅ 品位 原矿	(Ta,Nb)₂O₅ 品位 精矿	回收率
1	宜春钽铌矿	2400	铌钽锰矿-细晶石花岗岩矿床。主要金属矿物为富锰钽铌铁矿、细晶石、含钽锡石、锂云母	三段一闭路碎矿加洗矿流程,二段磨矿、二段分级泥砂分选、重选尾矿浮选锂云母。浮选尾矿分级回收长石粉	钽铌精矿锂云母精矿	0.0223	42.01	46.31
2	派潭矿选矿厂	1200	砂矿床,主要金属矿物为铌铁矿、锆石、锡石、独居石、钛铁矿	原矿筛洗除渣,分级跳汰、螺旋溜槽、摇床粗选,粗精矿精选采用重-磁-电联合流程	铌钽精矿	0.0083	55.80	41.85
3	可可托海选矿厂	750	花岗伟晶岩矿床,主要金属矿物钽铌铁矿、细晶石、锂辉石、绿柱石	二段开路碎矿,二段磨矿二段选别,采用旋转螺旋溜床粗选和摇床-磁选-电选联合流程	钽铌精矿	0.025	50.0	65

表头说明:
指标/%

序号	选矿厂名称	规模/t·d⁻¹	矿床类型及矿物组成	工艺流程简介	产品名称	指标/% (Ta,Nb)₂O₅ 品位 原矿	指标/% (Ta,Nb)₂O₅ 品位 精矿	回收率
4	栗木矿选矿厂	1000	钽铌铁矿-铌钽铁矿花岗岩矿床，主要金属矿物为铌铁矿、铌锰矿。锰钽矿、细晶石、锡石、黝锡矿、胶态锡、黑钨矿	二段开路碎矿，二段磨矿二段分级跳汰、摇床、矿泥集中分级，摇床、离心机皮带溜槽重选流程得锡、钽铌、钨混合粗精矿，精矿精选采用重-磁-水冶联合流	钽铌钨混合精矿	0.0205	2.515	40.44
5	（加）伯尼克湖钽选矿厂	830	花岗伟晶岩矿床，主要金属矿物为锡石、锡锰钽矿、重钽铁矿钽锆矿、钽锡矿、细晶石	三段闭路碎矿，一段磨矿、螺旋选矿机、摇床粗选，摇床中矿再磨再选，矿泥集中采用重-浮流程	钽精矿	0.13	35~40	72~74
6	（巴西）阿拉克萨铌选矿厂	500	碳酸盐岩复合矿床，主要金属矿物为水钡锶黄绿石、针铁矿	一段碎矿，一段磨矿，经三次旋流器脱泥后浮选，浮选精矿除杂	铌精矿	2.5~3.0	59~65	69.9
7	福建南平钽铌矿	750	花岗伟晶岩矿床，钽铌矿物有铌钽铁矿、钽铌铁矿、重钽铁矿，其他金属矿物有锡石、钛铁矿、磁黄铁矿	二段磨矿、二段选别、螺旋选矿机粗选矿，摇床精选得粗精矿，磁选、怡浮、浮选、重选得钽精矿和锡精矿浮选	钽精矿锡精矿长石粉	0.05 Sn: 0.065	38.35 Sn: 64.38	62~66
8	尼奥贝克烧绿石选厂	2085	碳酸盐烧绿石矿床，铌矿物为烧绿石，脉石矿物为方解石和白云母	分级脱泥、碳酸盐浮选、再脱泥、磁选、烧绿石浮选、黄铁矿浮选、烧绿石精矿浸出脱磷和浸出渣浮硫	烧绿石精矿	0.58~0.60	60~62	58

序号	选矿厂名称	规模/t·d⁻¹	矿床类型及矿物组成	工艺流程简介	产品名称	指标/%		回收率
						(Ta,Nb)₂O₅ 品位		
						原矿	精矿	
9	卡塔拉奥烧绿石矿	6000	碳酸盐型矿床，铌矿物为烧绿石矿石；脉石矿物主要为碳酸盐类矿物和硅酸盐类矿物	磨矿-脱泥-反浮选脱碳酸盐-反浮选脱硅酸盐-弱磁除铁-烧绿石浮选-浮选脱硫-浸出的选冶联合工艺	烧绿石精矿	1.1~1.2	50~55（除杂前）	50~55

参 考 文 献

[1] 何季麟，张晨阳，张红岳．2007 年钽铌工业发展评述 [J]．稀有金属快报，2008（10）：15-18.

[2] 曹飞，杨卉芃，张亮，等．全球钽铌矿产资源开发利用现状及趋势 [J]．矿产保护与利用，2019，39（05）：56-67.

[3] 张林．新时代钽铌产业发展 [J]．中国有色金属，2019（10）：44-46.

[4] 高玉德．GL 型螺旋选矿机的研制及选别实践 [J]．广东有色金属学报，1997（01）：27-31.

[5] 朱远标，赖国新，向延松．HDX-1500 型弧板式电选机的研制 [J]．有色金属（选矿部分），1997（02）：20-23.

[6] 刘学海，李斌，李正骅．MK 反差锯齿波跳汰机的研究 [J]．有色金属（选矿部分），1993：18-20.

[7] 钮心洁．YD31200-23 型高压电选机工业生产测试结果浅析 [J]．冶金矿山设计与建设，1996（05）：52-55.

[8] 周岳远．YD 系列高压电选机与电选工艺 [J]．金属矿山，1996（08）：13-14.

[9] 江洪，林德福．YD 型高压电选机及其应用 [J]．有色金属，1980（02）：29-32.

[10] 游明辉．波形床条摇床在稀有金属选矿上的应用 [J]．稀有金属，1979（02）：55-59.

[11] 王毓华，黄传兵，陈兴华，等．从某钽铌尾矿中回收长石和石英的试验研究 [J]．中国矿业，2005（09）：38-40.

[12] 朱水波．从锡渣或低品位钽铌矿中富集钽 [J]．有色冶炼，1982（08）：19-22.

[13] S·布拉托维奇，崔洪山，太白．从重选精矿中除去杂质方法的研究 [J]．国外金属矿选矿，2000（10）：21-24.

[14] 吴江林，范毅．大吉山钽铌钨矿细泥选矿工艺对比试验 [J]．现代矿业，2016，32（04）：100-102.

[15] 何国伟，叶志平．低品位纳长石化花岗岩型钽铌矿全矿石综合利用 [J]．有色金属，2008（03）：98-101.

[16] 张成强，张红新，李洪潮，等．非洲某钽铌粗精矿精选试验研究 [J]．中国矿业，2016，25（03）：121-126.

[17] 张成强，张红新，李洪潮，等．非洲某钽铌砂矿矿石性质及预选工艺研究 [J]．金属矿山，2015（02）：63-67.

[18] 周高云．浮选锂云母的新捕收剂研究 [J]．北京矿冶研究总院学报，1992（01）：60-63.

[19] 张越明．改进台浮床面结构　提高产品钨度降低硫杂质 [J]．中国钨业，1991（10）：26.

[20] 孙仲元，肖金华，陈玉，等．高梯度磁选钽铌细泥的研究 [J]．有色金属（选矿部分），1984（03）：44-48.

[21] 姜勇，姜永才．关于我国钽铌矿选矿一些问题的探讨 [J]．稀有金属，1981（03）：83-87.

[22] 向延松．海滨砂矿选钛尾矿中独居石和锆石与钛铁矿的分离研究 [J]．广东有色金属学

报, 1995 (02): 86-90.

[23] 顾禺. 褐钇铌矿的精选 [J]. 有色金属 (选矿部分), 1982 (01): 14-17.

[24] 蔡建社. 湖南某钽铌矿中非金属矿回收选矿试验研究 [J]. 湖南有色金属, 2017, 33 (02): 19-22.

[25] 刘霞. 湖南某钽铌矿综合利用 [J]. 矿产综合利用, 2015 (05): 31-33.

[26] 王仕桂. 花岗岩钽铌矿石选矿工艺研究 [J]. 有色金属 (选矿部分), 1981 (05): 52-53.

[27] 喻建章. 加拿大尼尔森离心选矿机选别微细粒钽铌半工业试验研究 [J]. 有色金属科学与工程, 2011, 2 (01): 77-80.

[28] 毛美心, 陈清, 陈明星. 钾钠长石除铁提纯试验分析及生产实践 [J]. 矿业快报, 2006 (12): 42-43.

[29] 丰丽琴, 王云帆, 覃文庆, 等. 江西某低品位锂云母矿浮选试验研究 [J]. 非金属矿, 2019, 42 (01): 60-62.

[30] 邹霓, 高玉德, 王国生. 江西某钽铌、钨矿细泥选矿试验研究 [J]. 中国钨业, 2010, 25 (03): 8-10.

[31] 林东, 聂光华, 罗国菊, 等. 江西某钽铌矿尾矿综合利用试验研究 [J]. 非金属矿, 2016, 39 (01): 14-16.

[32] 叶雪均, 吕炳军, 丰章发, 等. 锯齿波跳汰机回收细粒级锡矿石的试验与应用 [J]. 金属矿山, 2009 (02): 134-136.

[33] 袁立迎. 可可托海3#矿脉第四带矿石钽铌的选别 [J]. 新疆有色金属, 2011, 34 (06): 57-58.

[34] 何建璋. 可可托海三号脉铍矿石的综合利用 [J]. 新疆有色金属, 2003 (04): 22-24.

[35] 彭光菊, 王中明, 刘书杰, 等. 栗木锡尾矿中云母、长石、石英浮选分离试验 [J]. 金属矿山, 2017 (01): 183-187.

[36] 杨才顺. 两种螺旋溜槽的工业生产实践及其比较 [J]. 云南冶金, 1989 (06): 26-29.

[37] 杨慧根. 磷钇矿与独居石浮选的探讨 [J]. 有色金属 (冶炼部分), 1978 (01): 23-30.

[38] 苏树红, 熊上皋, 许新帮. 螺旋溜槽处理低品位矿床物料 [J]. 江西冶金, 1989 (02): 11-14.

[39] 康金森. 螺旋选矿的推陈出新 [J]. 有色设备, 1995 (01): 12.

[40] 李岳华. 螺旋选矿机选别细粒钽铌矿工业试验 [J]. 有色金属 (选矿部分), 1980 (01): 58.

[41] 沈新春, 古吉汉, 黄云松. 螺旋选矿设备在钨选矿中的应用研究现状 [J]. 矿山机械, 2017, 45 (10): 44-49.

[42] 姚万里. 绿柱石浮选碱法工艺进展及工业实践 [J]. 新疆矿冶, 1985 (02): 1-4.

[43] 周维志. 绿柱石浮选流程的研究 [J]. 稀有金属, 1979 (01): 29-34.

[44] 秦虎, 刘志红, 黄宋魏. 模糊控制在跳汰选矿中的应用 [J]. 中国矿业, 2010, 19 (11): 81-84.

[45] 余生根. 某大型铌钽矿综合利用试验研究 [J]. 有色金属 (选矿部分), 2005 (05): 13-18.

[46] 李向益，单勇，曾茂青，等. 某低品位云母—长石型铷矿浮选试验研究 [J]. 有色金属（选矿部分），2017（03）：55-59.

[47] 黄伟，董天颂，汤玉和，等. 某花岗岩型钽铌矿选矿研究 [J]. 材料研究与应用，2014，8（01）：62-66.

[48] 熊新兴. 某贫细杂钨钽铌铍矿石的选矿试验研究 [J]. 中国钨业，1998（06）：31-35.

[49] 刘清高，冯安生，刘长淼，等. 某弱钠化花岗岩型钽铌矿综合利用研究 [J]. 矿产保护与利用，2009（05）：23-26.

[50] 许新邦. 某钽铌矿除铁工艺研究 [J]. 有色金属（选矿部分），1998（03）：21-23.

[51] 陈文熙. 某钽铌矿提升选矿生产水平的实践 [J]. 江西有色金属，2008（02）：16-18.

[52] 张婷，李平，李振飞. 某钽铌矿重选尾矿中锂云母回收试验研究 [J]. 矿冶，2017，26（06）：22-26.

[53] 刘书杰，王中明，陈定洲，等. 某钽铌尾矿锂云母、长石分离试验研究 [J]. 有色金属（选矿部分），2013（S1）：177-179.

[54] 刘长淼，卫敏，吴东印，等. 某钽铌尾矿中长石和石英分离研究 [J]. 矿冶工程，2010，30（04）：33-35.

[55] 李利娟，张凡. 某钽铌重选尾矿中的锂云母浮选试验研究 [J]. 矿业研究与开发，2013，33（02）：57-59.

[56] 刘书杰，王中明，刘方，等. 某微细粒、低品位钽铌尾矿的选矿试验研究 [J]. 有色金属（选矿部分），2018（05）：72-76.

[57] 张斌华，王湘桂. 南平钽铌矿尾矿的综合利用及效益 [J]. 矿业快报，2008（11）：34-36.

[58] 卢道刚. 南平钽铌矿选矿工艺流程设计研究 [J]. 有色金属（选矿部分），2001（04）：14-17.

[59] 赵敏捷，方建军，李国栋，等. 尼尔森选矿机在国内外选矿中的应用与研究进展 [J]. 矿产保护与利用，2016（04）：73-78.

[60] 丁勇. 铺布-离心选矿机初探 [J]. 矿冶，2005（01）：29-31.

[61] 曾清华，张秀华，姜二龙. 烷基磺化琥珀酰胺酸盐类锡石捕收剂的研究及应用 [J]. 国外金属矿选矿，1995（02）：27-29.

[62] 戚鹏，高利坤，董方，等. 山东某钾长石选矿试验研究 [J]. 硅酸盐通报，2015，34（08）：2151-2156.

[63] 何首文. 湿式强磁选在钽铌矿选矿生产流程中的应用 [J]. 有色金属（选矿部分），1993（05）：43-44.

[64] 刘亚川，龚焕高，张克仁. 十二胺盐酸盐在长石石英表面的吸附机理及 pH 值对吸附的影响 [J]. 中国矿业，1992（02）：92-96.

[65] 周德盛. 泰美钽铌矿铌铁矿矿泥选别工艺流程的探讨和实践 [J]. 矿产综合利用，1980（01）：42-47.

[66] 广西栗木锡矿. 钽、铌、钨、锡浸染型花岗岩矿床选冶联合工艺的生产实践 [J]. 稀有金属，1978（01）：27-34.

[67] 游明辉. 钽铌风化壳矿石选矿实践 [J]. 有色金属（选矿部分），1980（01）：13-17.

[68] 谢远洪. 钽铌矿的精选 [J]. 有色金属（选矿部分），1979（05）：59-60.

[69] 王其宏，章晓林，景满，等. 钽铌矿浮选技术研究进展 [J]. 硅酸盐通报，2017，36（12）：4060-4065.

[70] 蒋海勇，戴惠新，杨伟林，等. 钽铌矿精选的研究现状 [J]. 矿产综合利用，2015（05）：13-16.

[71] 王仕桂. 钽铌矿离心机产品精选工艺研究 [J]. 有色金属（选矿部分），1984（01）：6-10.

[72] 柴育民. 钽铌矿山重选厂粗选工艺的革新 [J]. 有色金属（选矿部分），1993（04）：23-25.

[73] 吕子虎，卫敏，吴东印，等. 钽铌矿选矿技术研究现状 [J]. 矿产保护与利用，2010（05）：44-47.

[74] 高玉德，邹霓，董天颂. 钽铌矿资源概况及选矿技术现状和进展 [J]. 广东有色金属学报，2004（02）：87-92.

[75] 雷存友，肖春莲. 钽铌尾矿资源综合利用 [J]. 有色金属（选矿部分），2013（S1）：173-176.

[76] 唐仲民. 钽铌锡钨矿石的重选流程 [J]. 有色金属（选矿部分），1981（02）：58-59.

[77] 陆杰. 钽铌选矿厂细泥系统技术改造 [J]. 有色金属（选矿部分），1989（04）：45-46.

[78] 丘德镧. 钽铌选矿理论与实践 [J]. 世界有色金属，2001（11）：27-30.

[79] 丘德镧. 钽铌选矿流程评述 [J]. 有色金属（选矿部分），2001（01）：18-21.

[80] 何季麟，王向东，刘卫国. 钽铌资源及中国钽铌工业的发展 [J]. 稀有金属快报，2005（06）：1-5.

[81] 邓宇静，李宁钧，兰健. 提高钨锡重选回收率关键技术的研究 [J]. 矿业研究与开发，2016，36（02）：20-23.

[82] 王宗俊. 提高新疆地区钽铌选矿回收率的几点看法 [J]. 新疆有色金属，1987（01）：64-68.

[83] 卢烁十，陈经华. 细晶石为主的钽铌矿石工艺矿物学及可选性研究 [J]. 有色金属（选矿部分），2016（05）：1-6.

[84] 高玉德. 细粒钽铌矿浮选研究 [D]. 中南大学，2003.

[85] 汤玉和，刘敏娉，尤罗夫ПП. 新型磁力水力旋流器及其复合力场的研究 [J]. 广东有色金属学报，1998（02）：79-85.

[86] 李复民. 新型重选设备——旋转螺旋溜槽成功用于生产 [J]. 金属矿山，1981（12）：38.

[87] 张文恕，尹辉喜. 旋转螺旋溜槽的推广应用 [J]. 新疆矿冶，1985（02）：61.

[88] 刘仁梁. 旋转螺旋溜槽选别机理与选型 [J]. 矿山机械，1998（10）：44-46.

[89] 封国富. 旋转螺旋溜槽选矿试验与实践 [J]. 有色矿山，2002（04）：27-30.

[90] 许新邦. 旋转螺旋溜槽在矿山的工业应用 [J]. 金属矿山，1996（12）：21-24.

[91] 李勇，顾澄，刘伟云，等. 旋转螺旋溜槽在细粒难选矿石及尾矿再选中的应用 [J]. 有色金属（选矿部分），2011（S1）：136-138.

[92] 周琼波，韩增辉，龚丽，等. 阳离子胺类捕收剂对石英浮选性能研究 [J]. 化工矿物与

加工，2017，46（12）：1-3.

[93] 丁勇．一种新型摇床面选别钽铌矿石的工业试验研究［J］．江西有色金属，2000（02）：26-28.

[94] 周德盛，邹霓，王碧莲．宜春钽铌精矿精选分离及锡回收研究［J］．稀有金属，1988（02）：122-126.

[95] 卢道刚．宜春钽铌矿扩建工程选矿工艺流程方案设计研究［J］．有色冶金设计与研究，1998（04）：1-5.

[96] 陈明星，贺伯诚，喻建章．宜春钽铌矿锂云母浮选技术改造实践［J］．有色金属（选矿部分），2005（02）：6-8.

[97] 毛美心．宜春钽铌矿磨重流程的改进［J］．金属矿山，1999（08）：52-53.

[98] 左美媛．宜春钽铌矿选矿工艺的优化［J］．矿业快报，2008（07）：60-61.

[99] 余赞松，陈明星，龚杰．宜春钽铌矿资源综合利用现状及存在问题［J］．矿业快报，2007（10）：63-64.

[100] 勾鸿忠，彭世金．宜春钽铌矿综合利用概况［J］．矿产综合利用，1991（05）：23-25.

[101] 刘仁梁．应用旋转螺旋溜槽改造宜春钽铌矿泥矿车间工艺流程的生产实践［J］．新疆有色金属，1998（03）：17-22.

[102] 许新邦．应用旋转螺旋溜槽提高选矿回收率的工业实践［J］．有色金属（选矿部分），1997（03）：28-31.

[103] 丘德镰．用螺旋溜槽选分钽铌矿［J］．江西冶金，1984（02）：34-35.

[104] 沈德胜．用枱浮法选别难选钽铌中矿［J］．有色金属（选矿部分），1980（06）：59.

[105] 章晋叔．圆锥选矿机选别钽铌矿石的效果［J］．有色金属（选矿部分），1983（01）：30-33.

[106] 周寒青．长石性质与浮选行为之间的关系［J］．非金属矿，1986（05）：56-60.

[107] 李觉新，古德生．振动给矿筛分机及给矿筛洗新工艺［J］．有色金属（选矿部分），1986（03）：5-8.

[108] 何季麟，张宗国．中国钽铌工业的现状与发展［J］．中国金属通报，2006（48）：2-8.

[109] 刘惠中．重选设备在我国金属矿选矿中的应用进展及展望［J］．有色金属（选矿部分），2011（S1）：18-23.

[110] 林芳万．大吉山钨矿的跳汰机研究与实践［J］．中国钨业，1999（Z1）：127-130.

[111] 熊新兴，熊上晔．螺旋溜槽在钨选矿中应用的进展［J］．中国钨业，1999（Z1）：119-123.

[112] Angadi S I, Sreenivas T, Jeon H, et al. A review of cassiterite beneficiation fundamentals and plant practices［J］. Minerals Engineering, 2015, 70：178-200.

[113] Houchin M R. Determination of surface charge at the tapiolite （FeTa$_2$O$_6$）/water interface［J］. Colloids and Surfaces, 1985, 13：125-136.

[114] Ni X, Parrent M, Cao M, et al. Developing flotation reagents for niobium oxide recovery from carbonatite Nb ores［J］. Minerals Engineering, 2012, 36-38：111-118.

[115] Rao S R, Espinosa-Gomez R, Finch J A, et al. Effects of water chemistry on the flotation of pyrochlore and silicate minerals［J］. Minerals Engineering, 1988, 1（3）：189-202.

［116］Bulatovic S M. 23-Flotation of Tantalum/Niobium Ores ［M］//Bulatovic S M. Handbook of Flotation Reagents：Chemistry，Theory and Practice. Amsterdam：Elsevier，2010：127-149.

［117］Gibson C E，Kelebek S，Aghamirian M. Niobium oxide mineral flotation：A review of relevant literature and the current state of industrial operations ［J］. International Journal of Mineral Processing，2015，137：82-97.

［118］Bulatovic S，De Silvio E. Process development for impurity removal from a tin gravity concentrate ［J］. Minerals Engineering，2000，13 (8-9)：871-879.

［119］陈泉源，程建国. 螯合捕收剂浮选铌铁矿的探讨 ［J］. 有色金属（选矿部分），1989 (04)：14-17.

［120］余永富，陈泉源，李养正. 白云鄂博中贫氧化矿磁选新工艺综合回收铌的研究 ［J］. 矿冶工程，1992 (01)：30-35.

［121］陈泉源，余永富，李养正，等. 白云鄂博中贫氧化矿铌选矿新工艺研究 ［J］. 有色金属（选矿部分），1996 (03)：1-3.

［122］阙煊兰. 苯乙烯膦酸的合成及应用 ［J］. 有色金属（选矿部分），1980 (04)：15-19.

［123］叶绣爱. 苄基胂酸浮选钽铌矿物初探 ［J］. 有色金属（选矿部分），1985 (04)：39-41.

［124］高玉德，韩兆元，王国生. 朝鲜某复杂难选钽铌锆矿选矿试验研究 ［J］. 金属矿山，2012 (07)：91-94.

［125］李英霞. 从包钢强磁尾矿中回收稀土和铌的研究 ［J］. 广东有色金属学报，1999 (02)：101-105.

［126］A. 古尔，林森，李长根. 细晶石和锆石的浮选行为 ［J］. 国外金属矿选矿，2004 (08)：33-34.

［127］邱显扬，李美荣，梁冬云，等. 甘肃某复杂铌稀土矿石矿物学及选矿工艺特性研究 ［J］. 中国稀土学报，2018：1-12.

［128］刘仁梁. 宜春钽铌矿难选次生细泥选矿工艺研究评述 ［J］. 有色金属（选矿部分），1998 (04)：24-28.

［129］朱建光，朱一民. 用 FXL-14 浮选锡石、黑钨、钽铌矿的实验 ［J］. 稀有金属，1987 (06)：406-411.

［130］陈勇，宋永胜，温建康，等. 某含稀土、锆复杂铌矿的选矿试验研究 ［J］. 稀有金属，2013，37 (03)：429-436.

［131］胡红喜，董天颂，张忠汉. 某烧绿石矿的选矿试验研究 ［J］. 材料研究与应用，2015，9 (04)：275-278.

［132］ТЦУНОВ А А，关尔. 用羟肟酸浮选铌铁矿和锆石工艺的半工业试验 ［J］. 国外金属矿选矿，1989 (09)：44-50.

［133］高玉德，邹霓. 重-浮选矿新工艺处理难选钽铌钨矿的试验研究 ［J］. 中国钨业，2011，26 (04)：24-26.

［134］任瞱，纪绯绯. 铌钙矿的有效捕收剂及 IAS 和 XPS 光谱分析 ［J］. 中国矿业大学学报，2003 (05)：77-81.

［135］朱一民. 铌钽矿细泥浮选捕收剂及理论 ［J］. 湖南冶金，1991 (03)：36-38.

［136］任㙓，纪绯绯，宋桂兰．铌铁矿及白云石的抑制作用研究［J］．有色金属，2004（04）：100-102.

［137］潘玉龙．砂锡矿中铌钽铀矿物的粒浮选矿法［J］．有色金属（冶炼部分），1965（02）：30-32.

［138］铈铌钙钛矿的浮选［J］．国外金属矿选矿，1985（10）：48.

［139］任㙓，纪绯绯．双膦酸对铌铁矿的捕收特性影响及其作用机理［J］．湘潭矿业学院学报，2003（03）：84-87.

［140］高玉德，邱显扬，冯其明．钽铌矿捕收剂的研究［J］．广东有色金属学报，2003（02）：79-82.

［141］陈玉．钽铌矿泥浮选试验［J］．有色金属（选矿部分），1980（05）：27-31.

［142］许新邦，才希光，叶绣爱，等．钽铌细泥选矿新工艺研究［J］．江西有色金属，1987（03）：35-39.